"十三五"职业教育国家规划教材

JISUANJI
YINGYONG JICHU
SHIXUN ZHIDAO YU XITI

计算机应用基础
实训指导与习题 （第4版）

主 编 欧阳利华 石云

副主编 李文革 姜艳芬 张旭 杜蕊

高等教育出版社·北京

内容提要

本书为"十三五"职业教育国家规划教材。

本书是欧阳利华、石云主编的《计算机应用基础（第4版）》的配套实训用书，全书分为实训指导篇和习题及参考答案篇两篇。

实训指导篇与主教材《计算机应用基础（第4版）》紧密配合，本篇有与主教材教学任务对应的实训项目，便于有针对性地对所学内容及时练习与巩固。读者还可以通过本篇提供的综合应用示例及综合测试对各模块主要功能进行综合训练及测试，以达到熟练掌握、灵活应用各模块主要功能的目的。

习题及参考答案篇提供数百道填空题、单选题、判断对错题及参考答案，读者通过本篇的学习可强化对知识点的理解和掌握。

本书的配套主教材为欧阳利华、石云主编的《计算机应用基础（第4版）》，配套建设了微课视频、授课计划、授课用PPT、课后习题、习题答案及解析等数字化学习资源。配套的数字课程已在"智慧职教"网站（www.icve.com.cn）上线，学习者可以登录网站进行在线学习，授课教师可以调用本课程构建符合自身教学特色的SPOC课程，详见"智慧职教"服务指南。读者可登录网站进行资源的学习及获取，也可发邮件至编辑邮箱1548103297@qq.com获取相关资源。

本书可作为高等职业专科院校及高等职业本科院校"计算机应用基础"或"信息技术基础"公共基础课程教材，也可作为全国计算机等级考试（一级MS Office）及各类培训班的教材。

图书在版编目（CIP）数据

计算机应用基础实训指导与习题 / 欧阳利华，石云主编. --4版. --北京：高等教育出版社，2021.9
ISBN 978-7-04-056940-7

I. ①计… II. ①欧… ②石… III. ①电子计算机 - 高等职业教育 - 教学参考资料 IV. ①TP3

中国版本图书馆CIP数据核字（2021）第176107号

Jisuanji Yingyong Jichu Shixun Zhidao yu Xiti

策划编辑	吴鸣飞	责任编辑	吴鸣飞	封面设计	赵 阳	版式设计	童 丹
插图绘制	黄云燕	责任校对	刁丽丽	责任印制	赵 振		

出版发行	高等教育出版社	网　址	http://www.hep.edu.cn
社　址	北京市西城区德外大街4号		http://www.hep.com.cn
邮政编码	100120	网上订购	http://www.hepmall.com.cn
印　刷	高教社（天津）印务有限公司		http://www.hepmall.com
开　本	787mm×1092mm 1/16		http://www.hepmall.cn
印　张	12.5	版　次	2011年9月第1版
字　数	310千字		2021年9月第4版
购书热线	010-58581118	印　次	2021年9月第1次印刷
咨询电话	400-810-0598	定　价	32.00元

本书如有缺页、倒页、脱页等质量问题，请到所购图书销售部门联系调换
版权所有　侵权必究
物 料 号　56940-00

"智慧职教" 服务指南

　　"智慧职教" 是由高等教育出版社建设和运营的职业教育数字教学资源共建共享平台和在线课程教学服务平台，包括职业教育数字化学习中心平台（www.icve.com.cn）、职教云平台（zjy2.icve.com.cn）和云课堂智慧职教 App。用户在以下任一平台注册账号，均可登录并使用各个平台。

　　• 职业教育数字化学习中心平台（www.icve.com.cn）：为学习者提供本教材配套课程及资源的浏览服务。

　　登录中心平台，在首页搜索框中搜索 "计算机应用基础实训指导与习题"，找到对应作者主持的课程，加入课程参加学习，即可浏览课程资源。

　　• 职教云（zjy2.icve.com.cn）：帮助任课教师对本教材配套课程进行引用、修改，再发布为个性化课程（SPOC）。

　　1. 登录职教云，在首页单击 "申请教材配套课程服务" 按钮，在弹出的申请页面填写相关真实信息，申请开通教材配套课程的调用权限。

　　2. 开通权限后，单击 "新增课程" 按钮，根据提示设置要构建的个性化课程的基本信息。

　　3. 进入个性化课程编辑页面，在 "课程设计" 中 "导入" 教材配套课程，并根据教学需要进行修改，再发布为个性化课程。

　　• 云课堂智慧职教 App：帮助任课教师和学生基于新构建的个性化课程开展线上线下混合式、智能化教与学。

　　1. 在安卓或苹果应用市场，搜索 "云课堂智慧职教" App，下载安装。

　　2. 登录 App，任课教师指导学生加入个性化课程，并利用 App 提供的各类功能，开展课前、课中、课后的教学互动，构建智慧课堂。

　　"智慧职教" 使用帮助及常见问题解答请访问 help.icve.com.cn。

前　　言

本书为"十三五"职业教育国家规划教材，是《计算机应用基础（第4版）》（欧阳利华，石云主编）的配套用书。本书在定位上，注重实践能力培养，强化实用；在编写思路上，以读者为主体，强调任务驱动及模块化选择；在内容选取上，从《高等职业教育专科信息技术课程标准（2021年版）》出发，兼顾《全国计算机等级一级考试大纲（2021年版）》，并结合了当前软件实际使用情况；在内容组织上，关注教与学，力求易读、易懂、易教、易学。

1. 本书特色

（1）采用任务驱动方式进行组织。精心选取实训项目，在架构上，逻辑清晰、重点突出、任务明确，在完成任务解决实际问题的过程中学习巩固知识与技能。

（2）充分考虑学生的认知规律。将学生的认知规律和教师的教学很好地结合起来，针对学生在课程学习和应用过程中的常见问题、易混淆问题等，进行了重点、难点解析及操作提示，并制作了微课视频。

（3）图文并茂，用图说话。这是本书的突出特色。尽量使用屏幕截图进行操作说明，操作步骤清晰、图文并茂，极大地增强了易读性。

（4）实用性强。本书编者均为长期从事教学工作的一线教师，具有丰富的教学经验，熟知学生的认知规律及学习特点。

（5）内容全面升级。本书对第3版进行了修订与更新，将Windows 7升级为Windows 10，将Office 2010升级为Office 2016，更换和补充了部分实训项目、综合测试题及习题，制作了微课视频。

2. 结构及内容

本书共有两篇，结构及内容如下。

第1篇实训指导篇：与配套主教材《计算机应用基础（第4版）》和课堂教学紧密配合，完成课程的基本操作训练。本篇分为5章，包含13个训练任务（分解为33个实训项目），每个实训项目都经过精心设计，涵盖了教学重点及《全国计算机等级一级考试大纲（2021年版）》的知识点。每一个实训项目都包含"操作要点及提示"，专门对实训项目所涉及的要点进行深入全面剖析，并对学生在操作过程中常遇到的问题进行了提示；本篇各章末尾都包含了综合应用示例及综合测试，对各模块的主要功能进行综合训练及测试，以达到使学生熟练掌握、灵活使用各模块主要功能的目的。为方便学生练习和掌握，本篇的实训项目、综合应用示例及综合测试均制作了微课视频，并提供了实训素材。

第2篇习题及参考答案篇：本篇分为6章，配合教材《计算机应用基础（第4版）》和全国计算机等级考试（一级MS Office）内容，提供了数百道填空题、单选题、判断对错题及参考答案，通过本篇习题可强化读者对知识点的理解和掌握。

本书的配套主教材为欧阳利华、石云主编的《计算机应用基础（第4版）》，配套建设了微课视频、授课计划、授课用PPT、课后习题、习题答案及解析等数字化学习资源。配套的数字课程已在"智慧职教"网站（www.icve.com.cn）上线，学习者可以登录网站进行在线学习，授课教师可以调用本课程构建符合自身教学特色的 SPOC 课程，详见"智慧职教"服务指南。读者可登录网站进行资源的学习及获取，也可发邮件至编辑邮箱 1548103297@qq.com 获取相关资源。

本书由欧阳利华、石云担任主编并负责全书的总体策划与审稿、统稿工作，李文革、姜艳芬、张旭、杜蕊担任副主编。具体分工如下：第 1 篇第 1 章及第 5 章由姜艳芬编写，第 1 篇第 2 章由石云编写，第 1 篇第 3 章由欧阳利华编写，第 1 篇第 4 章由李文革编写，第 2 篇由张旭、杜蕊整理及编写。

热诚欢迎读者对本书提出宝贵意见和建议。

编　者

2021 年 7 月

目　录

第 1 篇　实训指导篇

第 1 章　Windows 10 资源管理与常用操作 …… 3

【任务 1.1】文件和文件夹的管理 ………… 3

实训 1.1.1　管理文件及文件夹 …… 3

实训 1.1.2　创建快捷方式 ………… 7

【任务 1.2】系统环境设置 ………………… 9

实训 1.2.1　系统个性化环境设置 …… 10

实训 1.2.2　系统账户设置 ………… 15

【Windows 10 综合应用示例】…………… 18

【Windows 10 综合测试】………………… 24

第 2 章　Word 2016 基本操作训练 …… 26

【任务 2.1】文字编辑与排版 ……………… 26

实训 2.1.1　文字基本编辑 ………… 26

实训 2.1.2　文字基本排版 ………… 32

实训 2.1.3　文字高级排版 ………… 36

【任务 2.2】Word 表格基本操作 ………… 41

实训 2.2.1　创建、调整并设置 Word 表格格式 ………… 41

实训 2.2.2　进行 Word 表格转换及计算等操作 ………… 47

【任务 2.3】Word 图文混排 ……………… 51

实训 2.3.1　绘制并组合自选图形 … 51

实训 2.3.2　图文混排及编辑数学公式 ………… 54

【Word 综合应用示例】…………………… 58

【Word 综合测试】………………………… 69

第 3 章　Excel 2016 基本操作训练 …… 73

【任务 3.1】制作工作表 …………………… 73

实训 3.1.1　快速填充工作表数据 …… 73

实训 3.1.2　管理工作表 …………… 76

实训 3.1.3　自行设置工作表格式 …… 76

实训 3.1.4　使用样式设置工作表格式 ………… 79

【任务 3.2】计算工作表中的数据 ………… 80

实训 3.2.1　使用 "Σ 自动求和 ▼" 按钮进行 5 种计算 ……… 80

实训 3.2.2　使用公式与函数计算 … 82

【任务 3.3】管理与分析工作表数据 ……… 87

实训 3.3.1　排序数据 ……………… 87

实训 3.3.2　分类汇总数据 ………… 90

实训 3.3.3　筛选数据 ……………… 94

实训 3.3.4　建立数据透视表 ……… 96

【任务 3.4】制作图表 ……………………… 98

实训 3.4.1　直接选取工作表中的数据建立图表 ………… 99

实训 3.4.2　根据分类汇总结果建立图表 ………… 102

【Excel 综合应用示例】…………………… 103

【Excel 综合测试】………………………… 110

第 4 章　PowerPoint 2016 基本操作训练 …… 117

【任务 4.1】制作 "求职简历" 演示文稿 ………… 117

实训 4.1.1　创建演示文稿 ………… 117

实训 4.1.2　插入各种对象并设置其格式 ………… 119

【任务 4.2】制作 "产品发布" 演示文稿 ………… 124

实训 4.2.1　设计 "产品发布" 基本内容 ………… 124

实训 4.2.2　设置动画及媒体元素 …… 127

【PowerPoint 综合应用示例】·············· 131
【PowerPoint 综合测试】·················· 132
第 5 章　Internet 基本应用操作训练······ 135
【任务 5.1】浏览网页与搜索信息········ 135
　实训 5.1.1　进行浏览器常用设置····· 135
　实训 5.1.2　浏览网页及保存信息····· 137
　实训 5.1.3　收藏夹操作················ 139
　实训 5.1.4　使用搜索引擎搜索信息··· 142

【任务 5.2】收发电子邮件·············· 143
　实训 5.2.1　撰写与收发电子邮件····· 143
　实训 5.2.2　管理电子邮箱文件及
　　　　　　　文件夹················ 146
【Internet 基本应用综合示例】·············· 149
【综合应用示例 1】················ 149
【综合应用示例 2】················ 152
【Internet 基本应用综合测试】·········· 154

第 2 篇　习题及参考答案篇

第 6 章　信息技术基础知识习题及答案··· 157
第 7 章　Windows 10 习题及答案········· 167
第 8 章　Word 2016 习题及答案··········· 173
第 9 章　Excel 2016 习题及答案·········· 178

第 10 章　PowerPoint 2016 习题及
　　　　答案·························· 183
第 11 章　计算机网络基础与 Internet
　　　　基本应用习题及答案············ 187

参考文献 ·· 191

第1篇

实训指导篇

第 **1** 章

Windows 10 资源管理与常用操作

Windows 10 是目前微型计算机普遍使用的操作系统。本章先通过 2 个任务练习
Windows 10 的基本操作；再通过本章的【Windows 10 综合应用示例】及【Windows
10 综合测试】对 Windows 10 重点内容进行综合训练及测试，以达到熟练掌握、灵活
使用 Windows 10 重点内容的目的。

Windows 10
资源管理与
常用操作

PPT

【任务 1.1】文件和文件夹的管理

Windows 10 的文件操作主要包括创建文件、文件夹和快捷方式，搜索、移动、复制文件
以及文件夹等。本任务包含 2 个实训项目：管理文件及文件夹；创建快捷方式。

【训练目的】
① 使用"资源管理器"对文件 / 文件夹进行各种操作。
② 掌握快捷方式的创建方法。

实训 1.1.1　管理文件及文件夹

【实训描述】
使用"资源管理器"管理文件 / 文件夹。

【实训要求】
① 新建文件及文件夹。在"D:\"新建 4 个
文件夹和 6 个空白文件，其结构如图 1–1 所示。
② 文件的搜索、移动和复制。在"D:\bb"
文件夹搜索文件名前 4 个字符为"file"，第 5 个
字符是任意字符的所有文件；将查找到的前 3 个
文件复制到"aa"文件夹，将查找到的第 2 个及
第 4 个文件移动到"bb2"文件夹。
③ 文件的搜索、重命名，设置属性及删除。

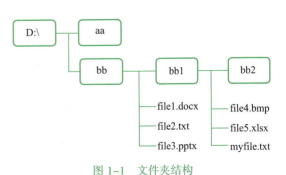

图 1–1　文件夹结构

在 "D:\bb" 文件夹搜索文件 "myfile.txt"，并将其重命名为 "我的文件 .txt"，然后删除此文件。

微课 1-1

管理文件及
文件夹实训
要求

【操作要点及提示】

本实训主要练习使用 "资源管理器" 管理文件 / 文件夹：新建文件夹或空白文件；搜索文件及文件夹；移动、复制、重命名、删除文件夹及文件；查看、设置文件属性，创建快捷方式。

1. 新建文件及文件夹

以本实训【实训要求】①为例，新建文件及文件夹，如图 1-2 所示。

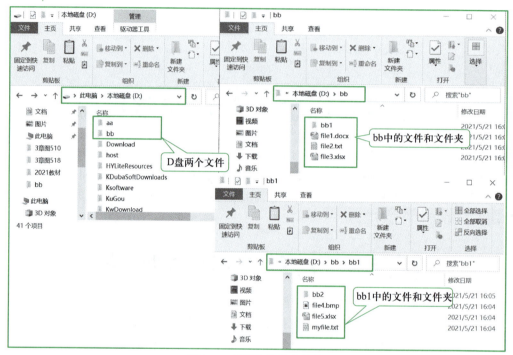

图 1-2　新建文件及文件夹

2. 文件的扩展名

① 文件的扩展名用于操作系统或应用软件用于识别文件类型。如 Word 文件的扩展名是 docx，操作系统使用 Word 应用程序打开 "*.docx" 文件；如果是 MP3 文件，扩展名就是 mp3，操作系统使用 MP3 播放器即可打开该类文件。

② 文件的扩展名是系统规定的。一般不轻易修改扩展名，但可以对文件主名进行改。例如，使用 Word 建立的文件，扩展名为 docx。文件主名可以进行更改，但如果修改了扩展名，如改成 xlsx，则该文件看起来是 Excel 文件，Word 应用程序将不能打开该文件，而同样 Excel 应用程序也打不开该文件，因为该文件根本就不是 Excel 文件。

3. 搜索范围的选取

搜索文件 / 文件夹时，一定要注意对搜索范围的确定，搜索范围不同，其结果也不同。例如，搜索 "file?.*"，如图 1-3（a）所示是在 "D:\bb" 文件夹下搜索；如图 1-3（b）所示是在 "D:\bb1" 文件夹下搜索，搜索结果显然不同。

4. 选定多对象的操作

为提高操作效率，常需选择多个对象后再进行某种操作。

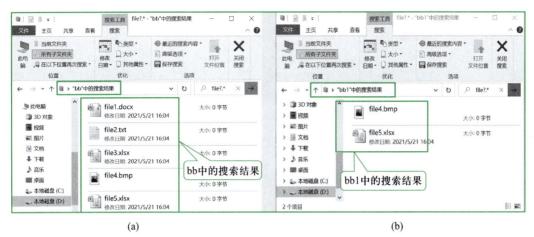

(a)   (b)

图 1-3　不同的搜索范围其搜索结果也不相同

　　① 选择多个连续对象：先单击要选择范围第 1 个对象，然后按住 Shift 键同时单击选择范围最后 1 个对象，则两者之间的对象均被选中，如图 1-4 所示。

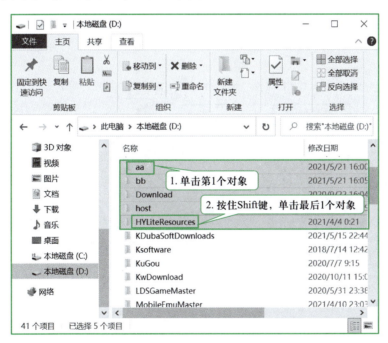

图 1-4　选择多个连续对象

　　② 选择多个不连续对象：按住 Ctrl 键，并同时逐个单击所选择对象，如图 1-5 所示。

　　③ 选定全部对象：通过快捷键 Ctrl+A，实现全选。

5. 移动和复制

　　① 移动对象操作：使用"剪切"和"粘贴"命令，对应快捷键分别是 Ctrl+X 和 Ctrl+V。

　　② 复制对象操作：使用"复制"和"粘贴"命令，对应快捷键分别是 Ctrl+C 和 Ctrl+V。

6. 修改文件属性

以本实训【实训要求】③为例，操作过程如图 1-6 所示。

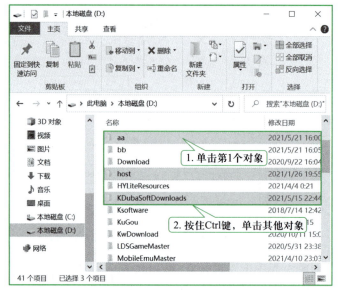

图 1-5　选择多个不连续对象

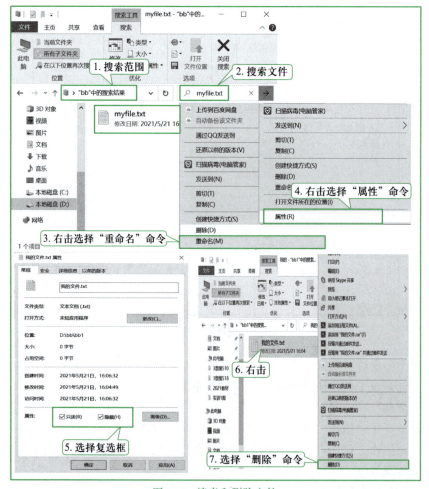

图 1-6　搜索和删除文件

实训 1.1.2　创建快捷方式

微课 1–2
创建快捷
方式

【实训描述】

本实训重点练习创建"快捷方式"的 4 种方法。

【实训要求】

在"D:\bb"文件夹中搜索"bb2"文件夹，在"D:\aa"文件夹下创建其快捷方式，且重命名为"我的文件夹"。

【操作要点及提示】

创建快捷方式主要有以下 4 种方法。

方法 1：在当前文件夹下创建。

该方法的优点是方便快捷。以本实训【实训要求】为例，首先在当前文件夹下创建快捷方式，其操作过程如图 1–7 所示，再将此快捷方式移动到目标文件夹即可。

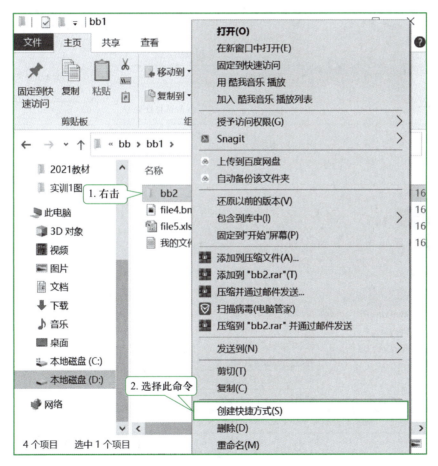

图 1–7　在当前文件夹下创建快捷方式

方法 2：用发送或者右键拖动的方法创建。

此方法常用于在桌面创建快捷方式，用发送方法创建桌面快捷方式如图 1–8 所示。用右键拖动方法创建快捷方式如图 1–9 所示，再将快捷方式移动到目标文件夹即可。

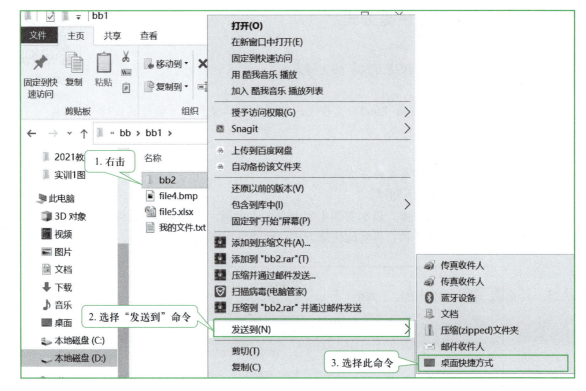

图 1-8   用发送方法创建桌面快捷方式

图 1-9   用右键拖动方法创建桌面快捷方式

方法 3：用复制及粘贴快捷方式的方法创建。

用复制及粘贴快捷方式的方法创建快捷方式如图 1-10 所示。

方法 4：使用向导在目标文件夹中创建。

以本实训【实训要求】为例，使用向导创建快捷方式如图 1-11 所示。

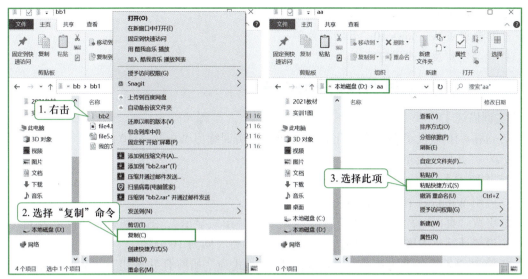

图 1-10　用复制及粘贴快捷方式的方法创建快捷方式

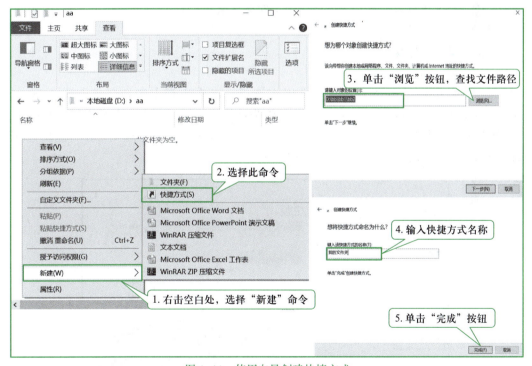

图 1-11　使用向导创建快捷方式

【任务 1.2】系统环境设置

Windows 10 提供了系统管理及设置功能，能充分满足用户需求。本任务包含两个系统个性化环境设置和系统账户设置实训项目。

【训练目的】

① 学会设置 Windows 10 "桌面"。

② 学会设置 Windows 10 "任务栏"。

③ 学会设置 Windows 10 "开始"菜单。

④ 学会创建及更改用户账户。

实训 1.2.1   系统个性化环境设置

【实训描述】

Windows 10 提供了多种个性化设置功能。本实训练习 Windows 10 的个性化设置、"任务栏"设置、"开始"菜单设置。

【实训要求】

① 应用 Windows 10 "Windows（浅色主题）"。

② 更改"桌面"背景为"背景切换"（以幻灯片形式显示），图片切换时间设置为 1 分钟。

③ 设置计算机的屏幕保护程序为一幅图片，等待时间为 10 分钟。

④ 设置任务栏位置为底部、图标按钮显示方式为"始终合并按钮"；自定义通知区显示"腾讯 QQ 图标"、关闭触摸键盘图标的显示。

⑤ 设置开始菜单显示项目和开始菜单中文件夹显示状态。

【操作要点及提示】

1. 设置"桌面"外观

（1）应用 Windows 10 "主题"

Windows 10 提供了多个"主题"供用户选择。以本实训【实训要求】①为例，选择 Windows 10 提供的"Windows（浅色主题）"作为计算机主题：右击"桌面"任意空白处，在快捷菜单中选择"个性化"命令，弹出"主题"窗口，单击"主题"选项，在"更改主题"栏中选择"Windows（浅色主题）"，如图 1–12 所示。

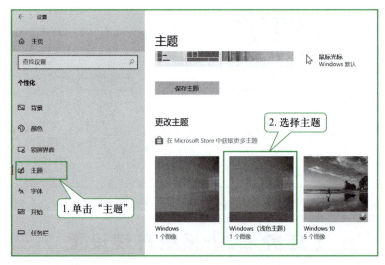

图 1–12   应用主题

（2）更改"桌面"背景

Windows 10 新增了桌面背景连续切换功能。以本实训【实训要求】②为例。单击"背景"选项，如图 1–13 所示，在"背景"窗口中按提示操作；背景选择"幻灯片切换"，单击"浏览"按钮，选择图片所在文件夹，在"图片切换频率"下拉列表中选择切换时间为"1 分钟"。这样，幻灯片背景被应用。

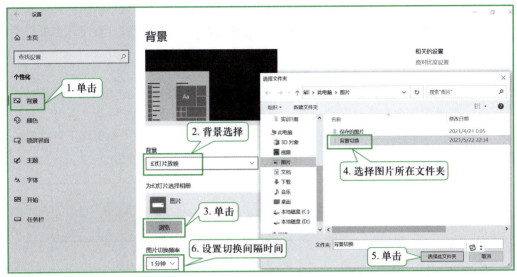

图 1-13　将 3 张图设为桌面背景并以幻灯片形式显示

（3）更改屏幕保护程序

本实训【实训要求】③为例，如图 1-14 所示，设置计算机的屏幕保护程序为一幅图片。在"个性化"界面，单击左侧的"锁屏界面"选项，在右侧的设置区域中单击"屏幕保护程序设置"按钮，在打开的"屏幕保护程序设置"对话框中，在"屏幕保护程序"下拉列表中选择"图片"，等待时间设置为"10 分钟"，单击"确定"按钮后，屏幕保护程序设置完成。

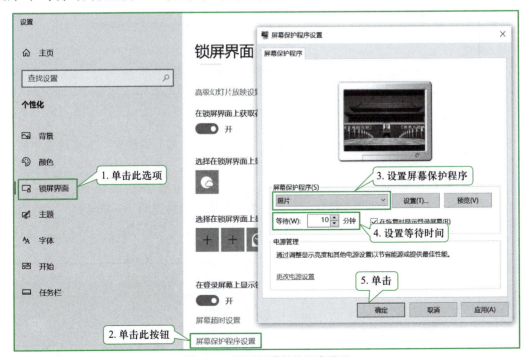

图 1-14　更改屏幕保护程序设置

2. 设置任务栏

任务栏包含很多设置项目。例如，为减少任务栏高度对于屏幕有效面积的影响，可采用隐藏任务栏或使用小图标；也可以自定义通知区域以更改出现在通知区域中的图标和通知；还可以将使用频率高的应用程序直接锁定到任务栏以便快速打开程序，也可将不需要的程序图标从任务栏上移除等。

微课1-3
系统个性化
环境设置
任务栏设置

（1）设置"任务栏"属性

① 设置任务栏外观。右击"任务栏"任意空白处，在快捷菜单中选择"任务栏设置"命令，打开"设置 – 任务栏"窗口，如图1-15所示，通过"开关"设置"锁定任务栏""在桌面模式下自动隐藏任务栏""在平板模式下自动隐藏任务栏""使用小任务栏按钮"等选项。

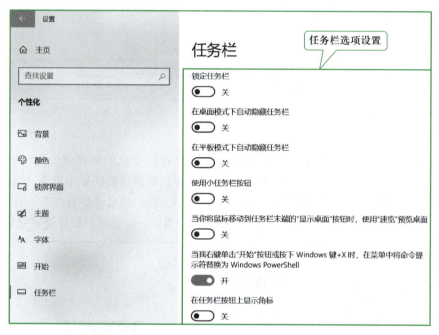

图1-15　设置任务栏选项

② 设置任务栏位置。如图1-16所示，选择"任务栏在屏幕上的位置"下拉列表中某一项（靠左、顶部、靠右、底部）。

③ 设置任务栏图标按钮。如图1-17所示，Windows 10任务栏按钮有"始终合并按钮""任务已满时时"和"从不"3种显示方式。为了节省任务栏空间，一般选择"始终合并按钮"方式。

图1-16　设置任务栏位置

图1-17　设置任务栏按钮显示方式

（2）自定义"通知区域"

① 选择哪些图标显示在通知栏上。以本实训【实训要求】④为例，将"腾讯 QQ"图标的"开关"按钮设置为"开"状态，具体操作如图 1-18 所示。

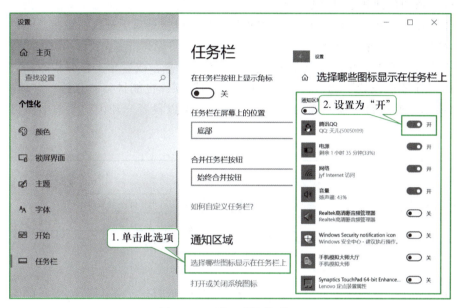

图 1-18　通知区域图标设置

② 打开或关闭系统图标。以本实训【实训要求】④为例，可将"触摸键盘"设置为"关"状态，具体操作如图 1-19 所示。

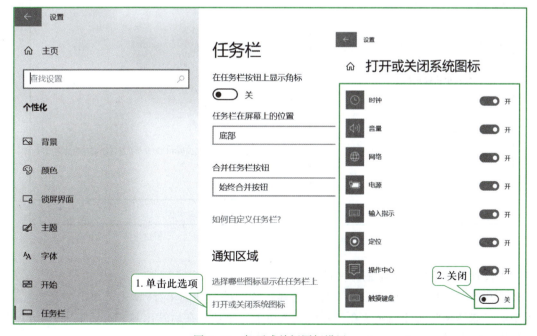

图 1-19　打开或关闭图标设置

3. 设置"开始"菜单

"开始"菜单是计算机程序、文件夹和设置的主门户。使用"开始"菜单可执行常用活动，如启动程序、打开常用的文件夹、搜索文件 / 文件夹和程序、调整计算机设置、关闭计算机、注销 Windows 或切换到其他用户账户等。

通过自定义"开始"菜单可以组织"开始"菜单，以便更易于查找程序和文件夹。

（1）设置"开始"菜单项目

右击"开始"菜单，在快捷菜单中选择"设置"命令，或者单击任务栏空白处，选择快捷菜单中的"任务栏设置"选项，然后选择"开始"项，也能进行"开始"菜单项目设置。如图 1-20 所示，通过每一项下面的"开关"按钮，可以设置"开始"菜单中项目的显示或隐藏。

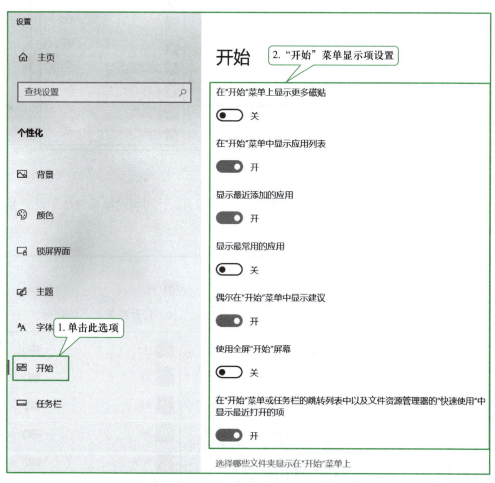

图 1-20   自定义"开始"菜单

（2）设置开始菜单中显示的"文件夹"

在"开始"菜单中，可以设置文件夹的显示或隐藏，如图 1-21 所示，单击"开始"菜单设置中的"选择哪些文件夹显示在'开始'菜单上"选项，在后续出现的对话框中，通过"开关"按钮可以设置该文件夹是否显示在"开始"菜单。

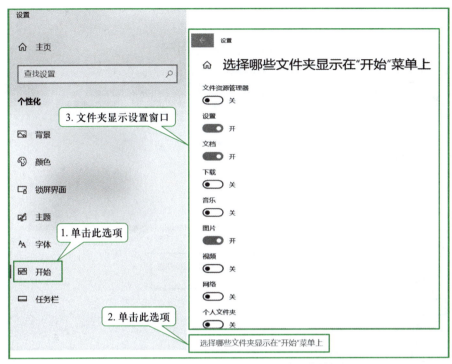

图 1-21　将文件夹显示到"开始"菜单

实训 1.2.2　系统账户设置

【实训描述】

本实训练习创建和管理用户账户。

【实训要求】

① 创建用户账户名称 hbgycs1 的普通账户。

② 更改 hbgycs1 账户为管理员账户，然后进行删除。

【操作要点及提示】

账户用于控制用户访问文件和程序以及可对计算机进行更改的权限。用户可使用用户名和密码访问用户账户。Windows 提供 2 种不同类型的账户，不同类型的账户又提供了不同的计算机控制级别：

- Administrator（管理员）账户：对计算机进行最高级别控制（但只在必要时才使用）。

- 标准用户账户：是 Windows 默认账户，是用户自建账户。一台计算机可以根据需要创建多个用户账户。当多人共享一台计算机时，可根据需要，对不同用户的账户设置不同权限来限制其对计算机进行哪些基本操作。

1. 创建用户账户

在"开始"菜单，选择"账户"菜单中的"更改账户设置"命令，在账户设置对话框中左侧导航栏选择"家庭和其他用户"选项，然后右侧的设置区域单击"将其他人添加到这台电脑"按钮，在出现的创建账户窗口中输入账户邮箱名称（如果没有邮箱，则可以使用手机号码作为账户名或者注册一个新邮箱）。具体操作如图 1-22 所示。

微课 1-4
系统账户
设置
创建用户
账户

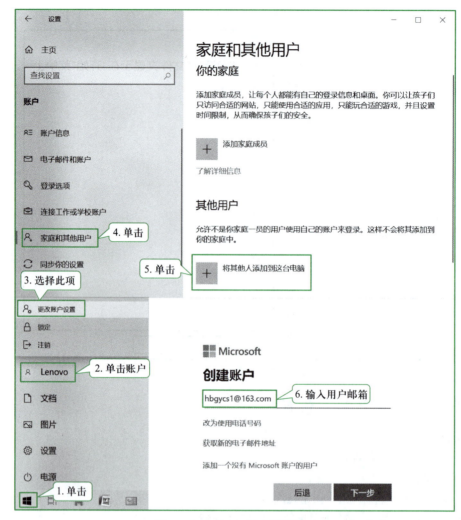

图 1-22 hbgycs1 账户设置框 1

在图 1-23 中的各个对话框中，输入账户密码、账户姓名、国家和出生日期。

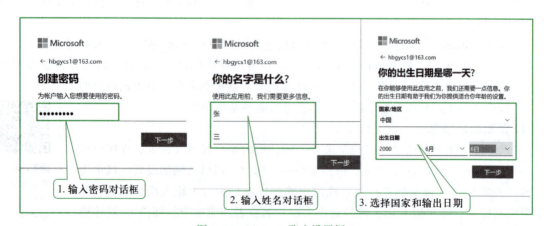

图 1-23 hbgycs1 账户设置框 2

在图 1-24 中，首先进入邮箱获取验证码，然后输入账户显示的名称、密码和密保安全问题。完成新账户设置，如图 1-25 所示。

图 1-24　hbgycs1 账户设置框 3

图 1-25　显示创建后的 hbgycs1 账户

2. 更改用户账户

建立用户账户后，可以进行删除账户、更改账户类型等操作。例如，要对 hbgycs1 用户账户进行更改操作，如图 1-26 所示。

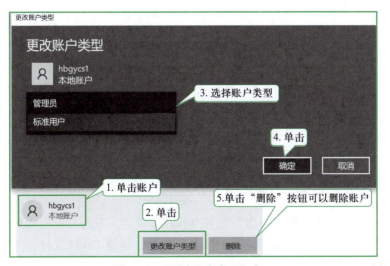

图 1-26　"更改账户类型"窗口

微课 1-5

系统账户

设置

更改删除用

户账户

> 📖 说明：
>
> Windows 要求一台计算机上至少有一个管理员账户。如果计算机上只有一个账户，则无法将其更改为标准账户。

【 Windows 10 综合应用示例 】

【示例描述】

使用 Windows 10 的"资源管理器"，建立文件 / 文件夹、搜索指定文件 / 文件夹、删除文件 / 文件夹、设置文件属性等。具体按以下【操作要求 1】~【操作要求 7】操作。

【操作要求 1】

在素材文件夹 Winct 下面建立 myself1 文件夹。

【操作步骤】

新建文件夹有以下两种方法：

方法 1：如图 1-27 所示，在"资源管理器"中打开 Winct 文件夹，单击工具栏上的"新建文件夹"按钮，为新建文件夹文件输入文件名 myself1。

图 1-27　使用"方法 1"新建文件夹

方法 2：如图 1-28 所示，在"资源管理器"中打开 Winct 文件夹，右击任意空白处，在快捷菜单中选择"新建"→"文件夹"命令，为新建文件夹文件输入文件名 myself1。

【操作要求 2】

在 Winct 文件夹下建立一个名为"数学成绩统计 .xlsx"的 Excel 文件。

【操作步骤】

如图 1-29 所示，在"资源管理器"打开 Winct 文件夹，右击任意空白处，在快捷菜单中选择"新建"→"Microsoft Office Excel 工作表"命令，新建 Excel 文件，并输入主文件文件名"数学成绩统计"。

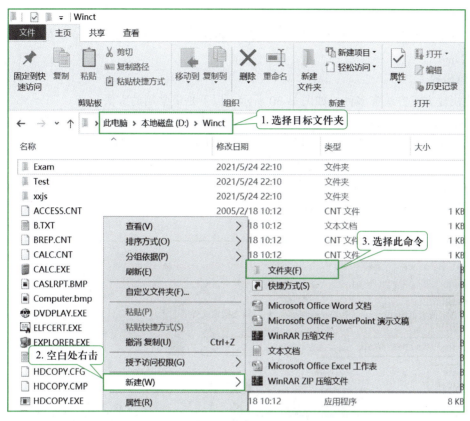

图 1-28 使用"方法 2"新建文件夹

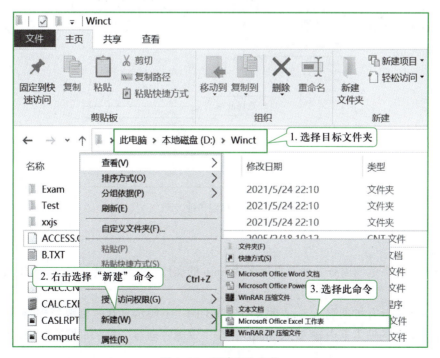

图 1-29 新建空白文件

【操作要求 3】

在 Winct 文件夹范围内搜索 game.exe 文件，并在 myself1 文件夹下建立它的快捷方式，名称为 MyGame。

【操作步骤】

创建快捷方式方法有多种，如图 1-30 所示，以下是最常用的方法。

步骤 1：搜索 game.exe 文件。在"资源管理器"打开 Winct 文件夹，在右上角搜索框内输入文件名 game.exe，在"资源管理器"显示了搜索结果 game.exe 文件。

步骤 2：新建快捷方式。选择搜索结果 game.exe 文件并右击，在快捷菜单中选择"复制"命令，单击目标文件夹 myself1，右击任意空白处，在快捷菜单中选择"粘贴快捷方式"命令，为新建的快捷方式输入新文件名 MyGame。

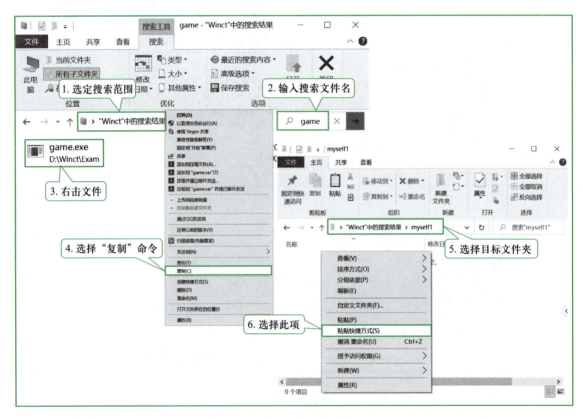

图 1-30 创建快捷方式

【操作要求 4】

在 Winct 文件夹范围内查找所有扩展名为 bmp 的文件，并将其复制到 myself1 文件夹下。

【操作步骤】

步骤 1：查找所有扩展名为 bmp 的文件。如图 1-31 所示，在"资源管理器"打开 Winct 文件夹，在右上角的搜索框内输入"*.bmp"，在"资源管理器"显示了搜索结果，即扩展名为 bmp 的所有文件。

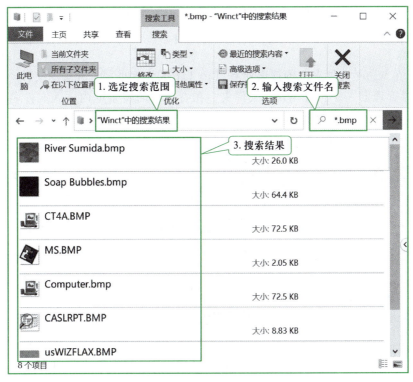

图 1-31　"*.bmp" 文件的搜索结果

　　步骤 2：复制搜索结果的所有 "*.bmp" 文件到 myself1 文件下。如图 1-32 所示，全选搜索结果的所有 "*.bmp" 文件，右击，在快捷菜单中选择 "复制" 命令；打开目标文件夹 myself1，右击任意空白处，在快捷菜单中选择 "粘贴" 命令。

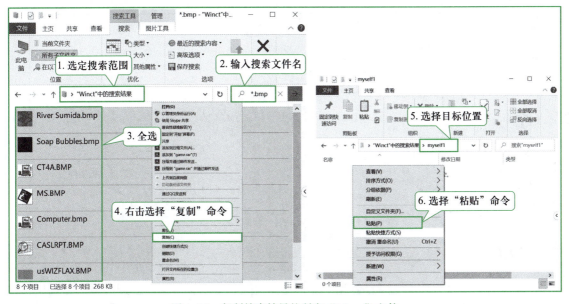

图 1-32　复制搜索结果的所有 "*.bmp" 文件

【**操作要求 5**】在 Winct 文件夹范围搜索所有以 us（不区分大小写）开头的文件，并将其移动到 myself1 文件夹下。

【**操作步骤**】

步骤 1：在 Winct 文件夹范围搜索所有以 us（不区分大小写）开头的文件。如图 1-33 所示，在 "资源管理器" 中打开 Winct 文件夹，在右上角的搜索框内输入文件名 "us*.*"，在 "资源管理器" 显示了搜索结果。

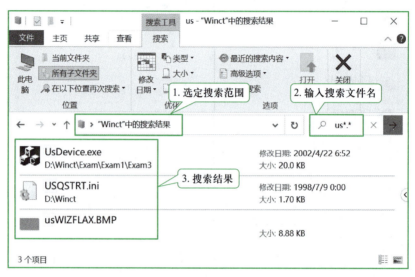

图 1-33　搜索所有以 "us" 开头文件的结果

步骤 2：移动文件。如图 1-34 所示，全选搜索结果，右击，在快捷菜单中选择 "剪切" 命令，选择目标 myself1 文件夹，右击任意空白处，在快捷菜单中选择 "粘贴" 命令即可。

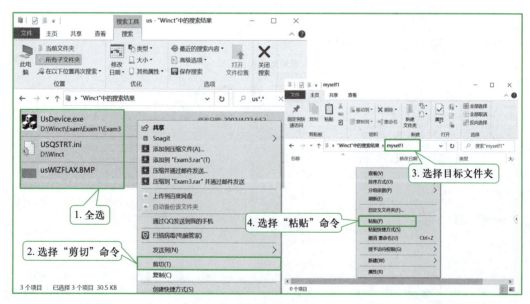

图 1-34　移动文件

【操作要求 6】

在 Winct 文件夹范围内搜索"个人总结 .docx"文件，并将其设置为仅有"只读""隐藏"属性。

【操作步骤】

步骤 1：搜索"个人总结 .docx"文件。如图 1-35 所示，在"资源管理器"打开 Winct 文件夹，在右上角的搜索框内输入文件名"个人总结 .docx"，在"资源管理器"中显示出搜索到的"个人总结 .docx"文件。

步骤 2：设置文件属性。选择"个人总结 .docx"文件，右击，在快捷菜单中选择"属性"命令，在打开的"属性"对话框中，选中"只读"复选框和"隐藏"复选框（即在其前面的"□"中打上"√"），单击"确定"按钮。

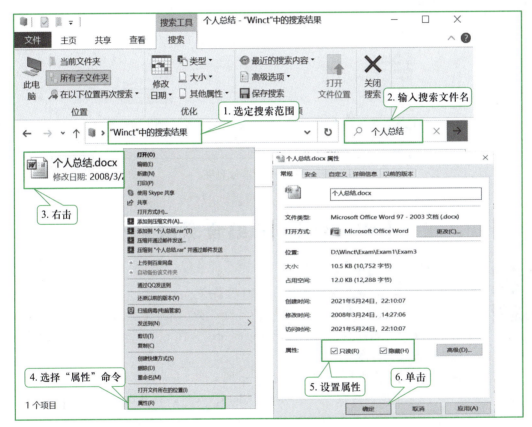

图 1-35　设置文件属性

【操作要求 7】

在 Winct 文件夹范围搜索 Exam3 文件夹，将其永久删除。

【操作步骤】

步骤 1：搜索 Exam3 文件夹。如图 1-36 所示，在"资源管理器"打开 Winct 文件夹，在右上角的搜索框内输入文件名 Exam3，在"资源管理器"显示出搜索到的 Exam3 文件夹。

步骤 2：永久删除"Exam3"文件夹。如图 1-36 所示，选择搜索结果"Exam3"文件夹，右击，按住 Shift 键，同时选择快捷菜单中"删除"命令，在弹出的"删除文件"对话框中单击"是"按钮。

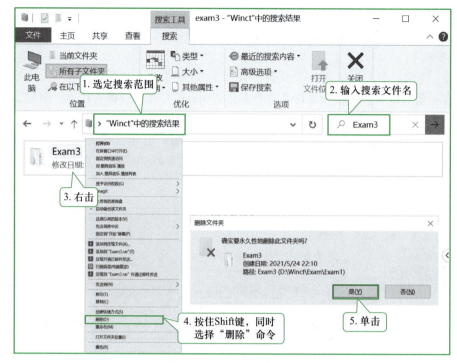

图 1-36　永久删除文件夹

【 Windows 10 综合测试 】

微课 1-6
综合测试 1

【综合测试 1】

1. 在 Winct 文件夹下新建 myself1 文件夹。

2. 在 myself1 文件夹下新建一个名为 "数学成绩统计 .xlsx" 的 Excel 文件。

3. 在 Winct 文件夹范围内查找 game.exe 文件，并在 myself1 文件夹下建立它的快捷方式，名称为 MyGame。

4. 在 Winct 文件夹范围内查找所有扩展名为 bmp 的文件，并将其复制到 myself1 文件夹下。

5. 在 Winct 文件夹范围内查找 "本学期计划 .docx" 文件，将其设置为仅有 "只读" "隐藏" 属性。

微课 1-7
综合测试 2

【综合测试 2】

1. 在 Winct 文件夹下新建 myself2 文件夹。

2. 在 myself2 文件夹下新建一个名为 "班级文化 .docx" 的 Word 文件。

3. 在 Winct 文件夹范围内查找 game.exe 文件，将其移动到 myself2 文件夹下，重命名为 "游戏 .exe"。

4. 在 Winct 文件夹范围内搜索 download.exe 应用程序，并在 myself2 文件夹下建立它的快捷方式，名称为 "个人下载"。

5. 在 Winct 文件夹范围查找 Exam3 文件夹，将其删除。

【综合测试 3】

1. 在 Winct 文件夹下新建 myself3 文件夹。

2. 在 myself3 文件夹下新建一个名为 "我的家乡 .pptx" 的 PowerPoint 文件。

3. 在 Winct 文件夹范围查找 help.exe 文件，并在 myself3 文件夹下建立它的快捷方式，名称为 "帮助文件"。

4. 在 Winct 文件夹范围查找 Exam2 文件夹，将其复制到 myself3 文件夹下。

5. 在 Winct 文件夹范围查找所有以 us 开头的文件，将其移动到 myself3 文件夹下。

微课 1-8

综合测试 3

【综合测试 4】

1. 在 Winct 文件夹下新建 myself4 文件夹。

2. 在 Winct 文件夹范围查找 setup.exe 应用程序，并在 myself4 文件夹下建立它的快捷方式，名称为 "安装程序"。

3. 在 Winct 文件夹范围查找所有扩展名为 docx 的文件，将其复制到 myself4 文件夹下。

4. 在 Winct 文件夹范围查找以 h 开头，扩展名 exe 的文件，将其设置为仅有 "只读" "隐藏" 属性。

5. 在 Winct 文件夹范围查找 Exam3 文件夹，将其删除。

微课 1-9

综合测试 4

【综合测试 5】

1. 在 Winct 文件夹下新建 myself5 文件夹。

2. 在 Winct 文件夹范围查找所有扩展名为 ini 的文件，并将其移动到 myself5 文件夹下。

3. 在 myself5 文件夹下新建一个名为 "操作使用说明 .txt" 的文本文件。

4. 在 Winct 文件夹范围搜索 help.exe 文件，并在 myself5 文件夹下建立它的快捷方式，名称为 "帮助文件"。

5. 在 Winct 文件夹范围查找以 s 开头，扩展名 exe 的文件，将其设置为仅有 "只读" 属性。

微课 1-10

综合测试 5

第 2 章

Word 2016 基本操作训练

Word 2016（以下简称 Word）是功能强大的文字处理软件。Word 不仅可进行文字编辑排版，还可制作表格及图文并茂的文档。本章先通过 3 个任务，对 Word 的主要功能分别进行基本训练，再通过本章的【Word 综合应用示例】及【Word 综合测试】对 Word 的主要功能进行综合训练及测试，以达到熟练掌握、灵活使用 Word 主要功能的目的。

【任务 2.1】文字编辑与排版

使用 Word 可以方便地输入各种字符和符号，通过编辑排版，可达到规范、精美效果。本任务包含 3 个实训项目：文字基本编辑、文字基本排版和文字高级排版。

【训练目的】

① 熟练编辑文档。

② 熟练设置文本格式。

③ 熟练进行文字高级排版。

实训 2.1.1　文字基本编辑

【实训描述】

新建 2 个素材文件，练习文件连接、文本块操作、文本 / 特殊字符的查找 / 替换。

【实训要求】

（1）新建 2 个素材文件

① 新建素材文件 1 "VPN 安全技术 .docx"，如图 2-1 所示。

② 新建素材文件 2 "蓝牙技术 .docx"，如图 2-2 所示。

（2）对文件进行操作

① 将素材文件 2 内容插入素材文件 1 尾部，合并内容并以 "文档编辑 .docx" 文件名另存到自己的文件夹中。

图 2-1　素材文件 1 "VPN 安全技术 .docx" 样图

图 2-2　素材文件 2 "蓝牙技术 .docx" 样图

② 在"文档编辑 .docx"文档的标题上方添加一行，且输入文字"文档编辑"。

③ 将"（2）分布式网络……"复制到文档标题"文档编辑"的下一行。

④ 将文中尾部"（2）分布式网络……"与"（1）微微网……"两部分内容互换位置（包括标题和内容并修正序号）。

⑤ 删除文中标题下一行"（2）分布式网络……"部分内容。

（3）进行查找 / 替换操作

① 将文档中所有手动换行符"↓"替换成段落标记"↵"。

② 删除文档中所有空行。

③ 将正文第 1 段中所有红色字体替换成绿色字体。

④ 将文档中所有英文括号"( )"替换为红色方括号"【 】"。

⑤ 将文中所有"◆"替换为"■"。

⑥ 将文中所有"密钥""密码"替换为红色"秘密"。

⑦ 删除文档中所有的"技术"。

（4）将编辑后的文件以原文件名存盘

按以上要求编辑后结果如图 2-3 所示。

注意，上述操作一定要按顺序完成。

【操作要点与提示】

1. 使用功能区命令连接两个文件

以本实训【实训要求】（2）中①为例，连接两个文件的操作步骤：打开素材文件 1 "VPN 安

微课 2-1
查找 / 替换
自动配对的
标点符号

微课 2-2
利用查找 /
替换删除
文字

图 2-3　按【操作要求】编辑后的
"文档编辑 .docx"效果

全技术.docx",将光标定位在文档的尾部,切换至"插入"选项卡,单击"文本"组中的"对象"下拉按钮,在下拉列表中选择"文件中的文字"命令。在弹出的"插入文件"对话框中选择"蓝牙技术.docx"文件,然后单击"插入"按钮即可。具体操作过程如图2-4所示。

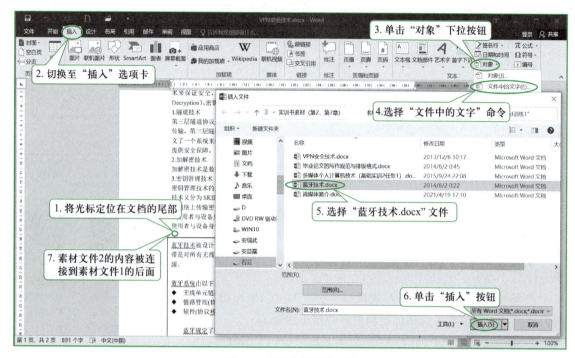

图2-4   连接文件操作过程

2. 移动 / 复制文本块的方法

使用剪贴板和鼠标均可移动或复制文本块。文本块原位置和目标位置相距较远时可用剪贴板完成,相距较近时可用拖放鼠标的方法完成。

① 使用剪贴板复制文字块。例如,以本实训【实训要求】(2)中③为例,选中要复制的内容"(2)分布式网络……",右击,从弹出的快捷菜单中选择"复制"命令,则将选中的内容复制到剪贴板,将鼠标指针移动到"第3章 VPN安全技术"行首目标位置,右击,从弹出的快捷菜单中选择粘贴选项"只保留文本"完成复制。

② 使用鼠标移动文本块。以本实训【实训要求】(2)中④为例,选中文章尾部"(2)分布式网络……"字符块并按住鼠标左键,拖动至"(1)微微网"行首目标位置松开鼠标,则互换了两文本块位置。

3. 查找 / 替换"特殊格式"

"查找 / 替换"功能很常用。查找 / 替换操作须在"查找和替换"对话框中完成,切换至"开始"选项卡,单击"编辑"组"替换"按钮,打开"查找和替换"对话框,如图2-5所示。

【例2-1-1】以本实训【实训要求】(3)中①为例,由于要"查找"的手动换行符"↓"和要替换的段落标记"↵"都属于"控制字符",因此,在"查找内容"文本框和"替换为"文本框应单击"特殊格式"按钮,再在下拉菜单中分别选择"↓"和"↵"字符,具体操作过程如图2-6所示。

图 2-5　"查找和替换"对话框

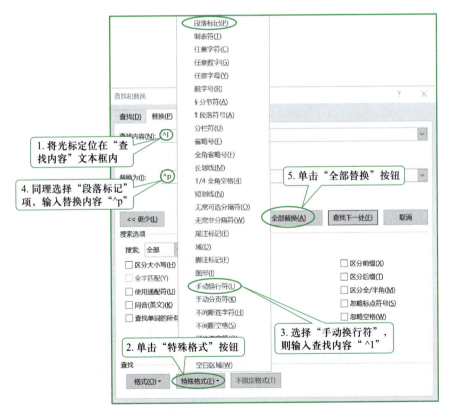

图 2-6　启用"特殊格式"进行查找和替换的操作过程

> 📖 说明：
>
> ① 在 Word 中，一个 "↵" 表示一个 "段落标记"（又称为 "硬回车"），表示按了一个 Enter 键，用 "^p" 符号表示。一个 "段落标记" 实际上是包含了一个段落的 "格式信息"（如该段落的行距、字号和字体等）。
>
> ② 在 Word 中，"↓" 符号是 "手动换行符"（又称为 "软回车"），用 "^l" 符号表示。其作用是 "换行"，但并不代表真正的重起一段（开始新的段落格式），文字虽然被换行，但其段落的格式信息依然被继承，仅仅是 "换行" 而已。
>
> ③ "↓" 可通过 Shift+Enter 快捷键直接输入，也可通过切换至 "布局" 选项卡，单击 "页面设置" 组中的 "分隔符" 下拉按钮，在下拉列表中选择 "自动换行符" 命令插入。

【例 2-1-2】以本实训【实训要求】（3）中②删除 "空行" 操作为例，段落标记是特殊控制符，在 "查找内容" 文本框内输入两个段落标记 "^p^p"，在 "替换为" 文本框内输入一个段落标记 "^p"，重复单击 "全部替换" 按钮，直至提示 "全部完成。完成 0 处替换。" 为止，如图 2-7 所示。如果文档的首部或最后一段的 "段落标记" 后面还有一个 "空行"，手工直接删除即可。

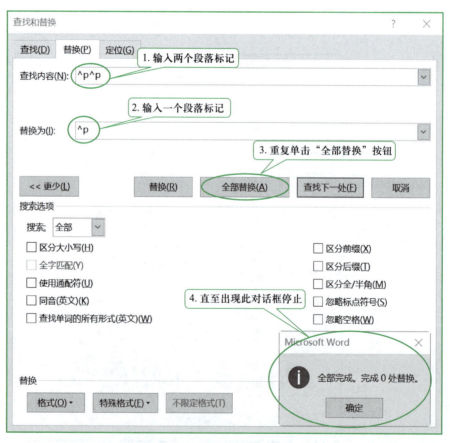

图 2-7   删除 "空行" 操作

4. 查找 / 替换格式

以本实训【实训要求】（3）中③为例，涉及查找和替换字体颜色。将光标定位在"查找内容"文本框中，单击"格式"下拉按钮，在弹出的下拉菜单中选择"字体"命令，在打开的对话框"字体颜色"栏选择"红色"，单击"确定"按钮；同理，将光标定位在"替换为"文本框中，单击"格式"下拉按钮，在弹出的下拉菜单中选择"字体"命令，在打开的对话框"字体颜色"栏选择"绿色"，单击"确定"按钮，最后单击"全部替换"按钮即可，如图 2-8 所示。

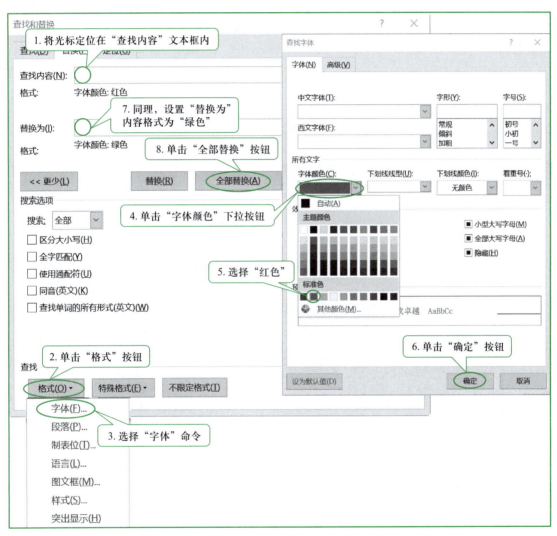

图 2-8　启用"格式"查找和替换

📖 **说明：**

① 设置格式时，无论是查找还是替换内容，都要先选定内容，再设置格式。

② 如果查找 / 替换的范围是整篇文档，则要把光标定位在文档首部；如果范围是一部分，则先选中该部分文档。

5. 查找 / 替换标点符号

以本实训【实训要求】（3）中④为例，如果查找 / 替换自动配对的标点符号，如 "（ ）"，则要先查找 / 替换左括号，再查找 / 替换右括号。

6. 查找 / 替换内容涉及通配符

以本实训【实训要求】（3）中⑥为例，如果查找 / 替换内容中使用了 "通配符"，则须在 "搜索选项" 中选中 "使用通配符" 复选框，如图 2-9 所示。

📖 **说明：**

> 本例要求用 "秘密" 替换 "密钥" 或者 "密码"（即查找内容要用 "密 ?" 表示 "密钥" 和 "密码"），因此，可使用通配符 "?" 代表 "密" 后面的第 2 个字，并且 "?" 必须是英文半角的。

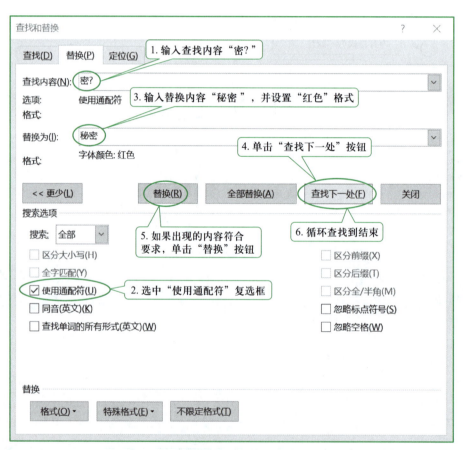

图 2-9　查找 / 替换时选中 "使用通配符" 复选框

实训 2.1.2　文字基本排版

【实训描述】

练习对文档的基本排版。创建 "流媒体简介 .docx" 文件，如图 2-10 所示；设置页面、字符和段落格式，效果如图 2-11 所示。

流媒体简介

流媒体指在网络上进行流式传输的连续时基媒体。流媒体文件是经过特殊编码、适合在网络上边下载边播放的特殊多媒体文件，常见的文件格式有 ASF（Advanced Streaming Format）、RM（Real Video/Audio）、RA（Real Audio）、SWF（Shock Wave Flash）等。音频、视频、图像文件以及其他多媒体文件，通过编码处理，可被转换为流媒体格式。播放流媒体需要专门的软件（如 Windows Media Player 等）。

1. 顺序流式传输

顺序流式传输是顺序下载，在下载文件的同时用户可观看在线媒体，在给定时刻，用户只能观看已下载的那部分，而不能跳到还未下载的后面部分，顺序流式传输不像实时流式传输在传输期间根据用户连接的速度做调整。由于标准的 HTTP 服务器可发送这种形式的文件，也不需要其他特殊协议，它经常被称作 HTTP 流式传输。顺序流式传输比较适合高质量的短片段，如片头、片尾和广告，由于该文件在播放前观看的部分是无损下载的，这种方法保证视频播放的最终质量。这意味着用户在观看前，必须经历延迟，对较慢的连接尤其如此。对通过调制解调器发布短片段，顺序流式传输显得很实用，它允许用比调制解调器更高的数据速率创建视频片段。尽管有延迟，但可让用户发布较高质量的视频片段。顺序流式文件可放在标准 HTTP 或 FTP 服务器上，易于管理，基本上与防火墙无关。

2. 实时流式传输

实时流式传输指保证媒体信号带宽与网络连接匹配，使媒体可被实时观看到。实时流与 HTTP 流式传输不同，它需要专用的流媒体服务器与传输协议。实时流式传输总是实时传送，特别适合现场事件，也支持随机访问，用户可快进或后退以观看后面或前面的内容。理论上，实时流一经播放就不可停止，但实际上，可能发生周期暂停。实时流式传输必须匹配连接带宽，这意味着在以调制解调器速度连接时图像质量较差。而且，由于出错丢失的信息被忽略掉，网络拥挤或出现问题时，视频质量很差。如欲保证视频质量，顺序流式传输也许更好。实时流式传输需要特定服务器，如 QuickTime Streaming Server、RealServer 与 Windows Media Server。

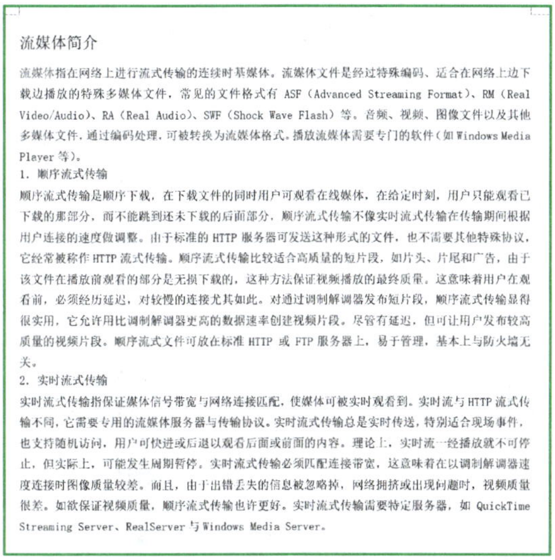

图 2-10　未经任何格式设置的“流媒体简介 .docx”原稿

流媒体简介

流媒体简介

流媒体指在网络上进行流式传输的连续时基媒体。流媒体文件是经过特殊编码、适合在网络上边下载边播放的特殊多媒体文件，常见的文件格式有 ASF（Advanced Streaming Format）、RM（Real Video/Audio）、RA（Real Audio）、SWF（Shock Wave Flash）等。音频、视频、图像文件以及其他多媒体文件，通过编码处理，可被转换为流媒体格式。播放流媒体需要专门的软件（如 Windows Media Player 等）。

1. 顺序流式传输

顺序流式传输是顺序下载，在下载文件的同时用户可观看在线媒体，在给定时刻，用户只能观看已下载的那部分，而不能跳到还未下载的后面部分，顺序流式传输不像实时流式传输在传输期间根据用户连接的速度做调整。由于标准的 HTTP 服务器可发送这种形式的文件，也不需要其他特殊协议，它经常被称作 HTTP 流式传输。顺序流式传输比较适合高质量的短片段，如片头、片尾和广告，由于该文件在播放前观看的部分是无损下载的，这种方法保证视频播放的最终质量。这意味着用户在观看前，必须经历延迟，对较慢的连接尤其如此。对通过调制解调器发布短片段，顺序流式传输显得很实用，它允许用比调制解调器更高的数据速率创建视频片段。尽管有延迟，但可让用户发布较高质量的视频片段。顺序流式文件可放在标准 HTTP 或 FTP 服务器上，易于管理，基本上与防火墙无关。

2. 实时流式传输

实时流式传输指保证媒体信号带宽与网络连接匹配，使媒体可被实时观看到。实时流与 HTTP 流式传输不同，它需要专用的流媒体服务器与传输协议。实时流式传输总是实时传送，特别适合现场事件，也支持随机访问，用户可快进或后退以观看后面或前面的内容。理论上，实时流一经播放就不可停止，但实际上，可能发生周期暂停。实时流式传输必须匹配连接带宽，这意味着在以调制解调器速度连接时图像质量较差。而且，由于出错丢失的信息被忽略掉，网络拥挤或出现问题时，视频质量很差。如欲保证视频质量，顺序流式传输也许更好。实时流式传输需要特定服务器，如 QuickTime Streaming Server、RealServer 与 Windows Media Server。

$a^2+b^3=C_{3+x}$

第 1 页

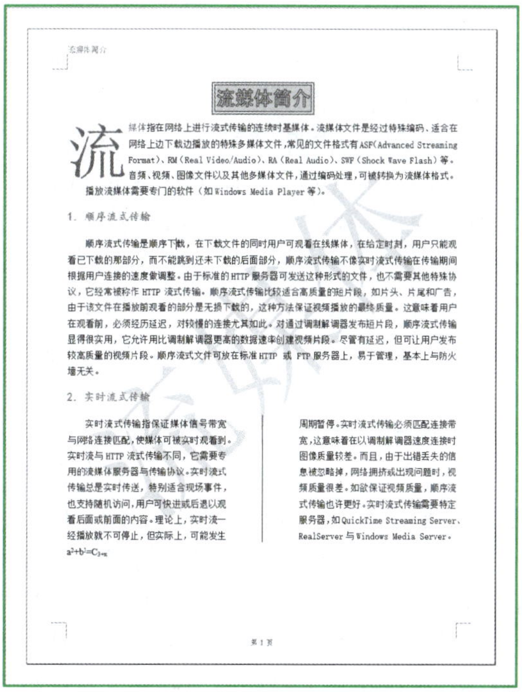

图 2-11　经格式设置后的“流媒体简介 PB.docx”样文效果

【实训要求】

（1）设置页面格式

① 纸张大小为自定义大小 21cm×27cm，页边距为上、下、左、右均为 2.5cm，页眉、页脚距边界均为 1.5cm。

② 设置页眉为“流媒体简介”，字体为宋体、小五、左对齐、红色，页脚为“第 X 页”（X 页表示当前页数）、楷体、小五、居中。

（2）设置字符、段落格式

① 将文档标题“流媒体简介”设置为首行无缩进、居中、黑体、空心、蓝色、二号、加粗，文本效果为阴影内部左上角，段前 0.5 行，段后 0.5 行，并给标题添加红色 1.5 磅双线方框，设置填充色为黄色、10% 灰度的底纹。

② 小标题（“1. 顺序流式传输”和“2. 实时流式传输”）设置为首行无缩进、楷体、蓝色、13 磅，添加双波浪下画线，段前 5 磅，段后 5 磅。

③ 其余部分（除标题及小标题以外的部分）设置为首行缩进 2 字符、两端对齐、中文宋体、英文 Times New Roman、五号，行距固定值 18 磅。

（3）修饰文档页面

① 将文档第 1 段设置为首字下沉 4 行，距正文 0cm。

② 将文档最后一段分为等宽的两栏，栏间距 6 字符，加分隔线。

③ 在文档的最后输入“$a^2+b^3=C_{3+x}$”。

④ 为整个页面添加文字水印“流媒体”，字体为宋体，版式为斜式。

⑤ 为页面添加红色 1 磅阴影边框。

微课 2-3
设置空心字体

微课 2-4
设置中英文字体格式

微课 2-5
最后一段分栏

（4）保存文件。

将结果以文件名"流媒体简介 PB.docx"保存在自己的文件夹。

【操作要点与提示】

1. 先编辑后排版

编辑 Word 文档时，应先完成所有内容的录入、编辑，再进行排版（设置页面、字符、段落等格式）。完成一个 Word 文档的基本过程：启动 Word →创建新文档→内容的录入、编辑→排版→保存→打印输出。

> 📖 提示：
>
> 安全起见，编辑过程中要常保存文件，退出 Word 时也别忘了保存文件。

2. 选择格式设置的应用范围

以本实训【实训要求】（2）中①为例，如图 2-12 所示，应用范围选择"文字"和"段落"时的效果是不一样的。当"应用于"选择"文字"时，所选择的"边框"和"底纹"只应用在所选的"文字"（如图 2-12 所示"流媒体简介"）上；当"应用于"选择"段落"时，"边框"和"底纹"则应用在整个文字所在"段落"上。

图 2-12   "应用范围"不同的效果比较

3. 系统列表中没有设置值的处理方法

以本实训【实训要求】（2）中②为例，要求设置小标题的字体大小是 13 磅，但该值在"字号"下拉列表中找不到，此时，可以在"字号"文本框内直接输入"13"磅，按 Enter 键确认即可，如图 2-13 所示。

图 2-13   在"字号"文本框内直接输入"13"磅

4. 度量单位不是现设置单位的处理方法

以本实训【实训要求】（2）中②为例，若度量单位中没有设置值，可以在"字体"或"段落"相应的文本框中直接输入所要求的数值和度量单位。如图 2-14 所示，当"段落"对话框中"段前""段后"文本框的单位是"行"时，可以直接输入所需的"5 磅"，然后单击"确定"按钮即可。

图 2-14 "度量单位"可直接输入

5. 避免分栏栏长不相等的关键

避免分栏栏长不相等的关键是不选择文档最后一段的段落标记。

当分栏内容涉及文档最后一段时，应不选择最后一段的段落标记，只选择内容，则分栏栏长就会相等，如图 2-15 所示。如果选择最后一个段落标记，就出现分栏栏长不相等的情况，如图 2-16 所示。

6. 最后一段参与分栏的两种方法

如图 2-17 所示，最后一段参与分栏有两种方法。

方法 1：在最后段落末尾再添加一个"回车符"，分栏时，不选所添加的"硬回车"。

方法 2：在最后段落末尾不添加"回车符"，分栏时，只选内容，不选最后一段的段落标记。

图 2-15　分栏栏长相等的效果　　　　图 2-16　分栏栏长不相等的效果

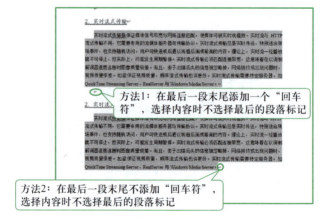

图 2-17　选择最后一段内容分栏的两种方法

实训 2.1.3　文字高级排版

【实训描述】

以"毕业论文的写作规范与排版格式 .docx"文档作为素材，在文中设置并应用新样式，添加项目符号和编号、脚注和尾注等。

【实训要求】

① 建立素材"毕业论文的写作规范与排版格式 .docx"文件，在 Word 中输入文字，第 1 页 ~ 第 3 页的具体内容分别如图 2-18~ 图 2-20 所示，以"毕业论文的写作规范与排版格式 .docx"为文件名保存在自己的文件夹中。

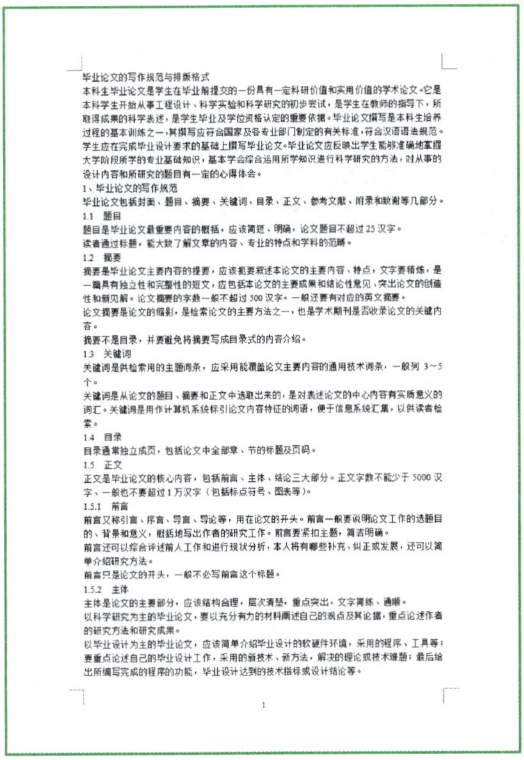

毕业论文的写作规范与排版格式
本科生毕业论文是学生在毕业前提交的一份具有一定科研价值和实用价值的学术论文。它是本科学生开始从事工程设计、科学实验和科学研究的初步尝试，是学生在教师的指导下，所取得成果的科学表述，是学生毕业及学位资格认定的重要依据。毕业论文撰写是本科生培养过程的基本训练之一，其撰写应符合国家及各专业部门制定的有关标准，符合汉语语法规范。学生应在完成毕业设计要求的基础上撰写毕业论文。毕业论文应反映出学生能够准确地掌握大学阶段所学的专业基础知识，基本学会综合运用所学知识进行科学研究的方法，对从事的设计内容和所研究的题目有一定的心得体会。
1、毕业论文的写作规范
毕业论文包括封面、题目、摘要、关键词、目录、正文、参考文献、附录和致谢等几部分。
1.1　题目
题目是毕业论文最重要内容的概括，应该简短、明确，论文题目不超过 25 汉字。
读者通过标题，能大致了解文章的内容、专业的特点和学科的范畴。
1.2　摘要
摘要是毕业论文主要内容的提要，应该扼要叙述本论文的主要内容、特点，文字要精炼，是一篇具有独立性和完整性的短文，应包括本论文的主要成果和结论性意见、突出论文的创造性和新见解。论文摘要的字数一般不超过 500 汉字。一般还要有对应的英文摘要。
论文摘要是论文的缩影，是检索论文的主要方法之一，也是学术期刊是否收录论文的关键内容。
摘要不是目录，并要避免将摘要写成目录式的内容介绍。
1.3　关键词
关键词是供检索用的主题词条，应采用能覆盖论文主要内容的通用技术词条，一般列 3～5 个。
关键词是从论文的题目、摘要和正文中选取出来的，是对表述论文的中心内容有实质意义的词汇。关键词是用作计算机系统标引论文内容特征的词语，便于信息系统汇集，以供读者检索。
1.4　目录
目录通常独立成页，包括论文中全部章、节的标题及页码。
1.5　正文
正文是毕业论文的核心内容，包括前言、主体、结论三大部分。正文字数不能少于 5000 汉字、一般也不要超过 1 万汉字（包括标点符号、图表等）。
1.5.1　前言
前言又称引言、序言、导言、导论等，用在论文的开头。前言一般要说明论文工作的选题目的、背景和意义，概括地写出作者的研究工作。前言要紧扣主题，简洁明确。
前言还可以综合评述前人工作和进行现状分析，本人将有哪些补充、纠正或发展，还可以简单介绍研究方法。
前言只是论文的开头，一般不必写前言这个标题。
1.5.2　主体
主体是论文的主要部分，应该结构合理，层次清楚，重点突出，文字简练、通顺。
以科学研究为主的毕业论文，要以充分有力的材料阐述自己的观点及其论据，重点论述作者的研究方法和研究成果。
以毕业设计为主的毕业论文，应该简单介绍毕业设计的软硬件环境，采用的程序、工具等；要重点论述自己的毕业设计工作，采用的新技术、新方法，解决的理论或技术难题；最后给出所编写完成的程序的功能，毕业设计达到的技术指标或设计结论等。
1

图 2-18　“毕业论文的写作规范与排版格式 .docx”第 1 页

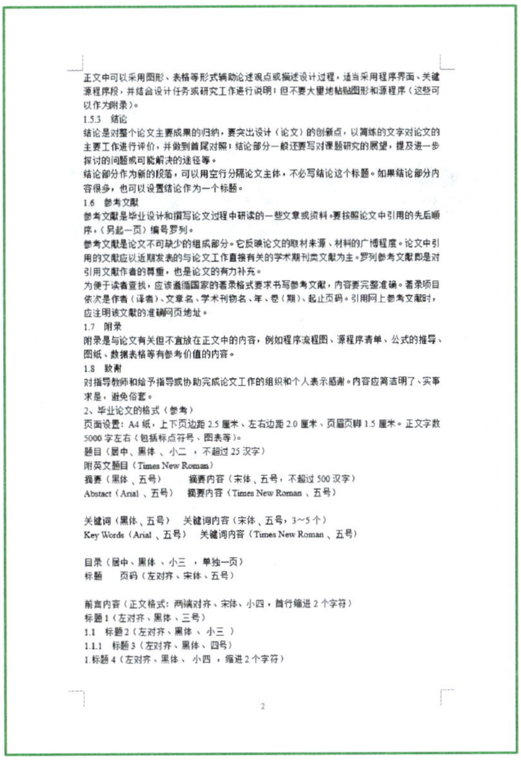

正文中可以采用图形、表格等形式辅助论述观点或描述设计过程，适当采用程序界面、关键源程序段，并结合设计任务或研究工作进行说明；但不要大量地粘贴图形和源程序（这些可以作为附录）。
1.5.3　结论
结论是对整个论文主要成果的归纳，要突出设计（论文）的创新点，以简练的文字对论文的主要工作进行评价，并做到首尾对照；结论部分一般还要写对课题研究的展望，提及进一步探讨的问题或可能解决的途径等。
结论部分作为新的段落，可以用空行分隔论文主体，不必写结论这个标题。如果结论部分内容很多，也可以设置结论作为一个标题。
1.6　参考文献
参考文献是毕业设计和撰写论文过程中研读的一些文章或资料。要按照论文中引用的先后顺序，（另起一页）编号罗列。
参考文献是论文不可缺少的组成部分。它反映论文的取材来源、材料的广博程度。论文中引用的文献应以近期发表的与论文工作直接有关的学术期刊类文献为主。罗列参考文献即是对引用文献作者的尊重，也是论文的有力补充。
为便于读者查找，应该遵循国家的著录格式要求书写参考文献，内容要完整准确。著录项目依次是作者（译者）、文章名、学术刊物名、年、卷（期）、起止页码。引用网上参考文献时，应注明该文献的准确网页地址。
1.7　附录
附录是与论文有关但不宜放在正文中的内容，例如程序流程图、源程序清单、公式的推导、图纸、数据表格等有参考价值的内容。
1.8　致谢
对指导教师和给予指导或协助完成论文工作的组织和个人表示感谢。内容应简洁明了、实事求是，避免俗套。
2、毕业论文的格式（参考）
页面设置：A4 纸，上下页边距 2.5 厘米、左右边距 2.0 厘米、页眉页脚 1.5 厘米。正文字数 5000 字左右（包括标点符号、图表等）。
题目（居中、黑体 、小二 ，不超过 25 汉字）
附英文题目（Times New Roman）
摘要（黑体 、五号）　　摘要内容（宋体 、五号，不超过 500 汉字）
Abstact（Arial 、五号）　摘要内容（Times New Roman 、五号）

关键词（黑体 、五号）　关键词内容（宋体 、五号，3～5 个）
Key Words（Arial 、五号）　关键词内容（Times New Roman 、五号）

目录（居中、黑体 、小三 ，单独一页）
标题　　页码（左对齐、宋体、五号）

前言内容（正文格式：两端对齐、宋体、小四，首行缩进 2 个字符）
标题 1（左对齐、黑体 、三号）
1.1　标题 2（左对齐、黑体 、小三 ）
1.1.1　标题 3（左对齐、黑体、四号）
1.标题 4（左对齐、黑体、 小四 ，缩进 2 个字符）
2

图 2-19　“毕业论文的写作规范与排版格式 .docx”第 2 页

② 设置样式“2 标题”，格式为左对齐、黑体、三号，并应用于文章的所有“2 标题”级别的内容。

③ 为“1.5.1　前言”部分的内容添加项目符号“●”。

④ 为“1.6　参考文献”部分的内容添加编号，编号样式为“(1)(2)(3)”，括号为中文括号。

⑤ 在“1.5 正文”下面的“1 万汉字”之后增加脚注，内容为“包括标点符号、图表等”。

⑥ 在“2、毕业论文的格式”下面一行的“字数 5000 字左右”之后增加尾注，内容为“包括标点符号、图表等”。

⑦ 为双面打印的文档在页面底端插入页码。

【操作要点与提示】

1. 设置并应用新样式

“样式”是一套预先设置好的文本格式。

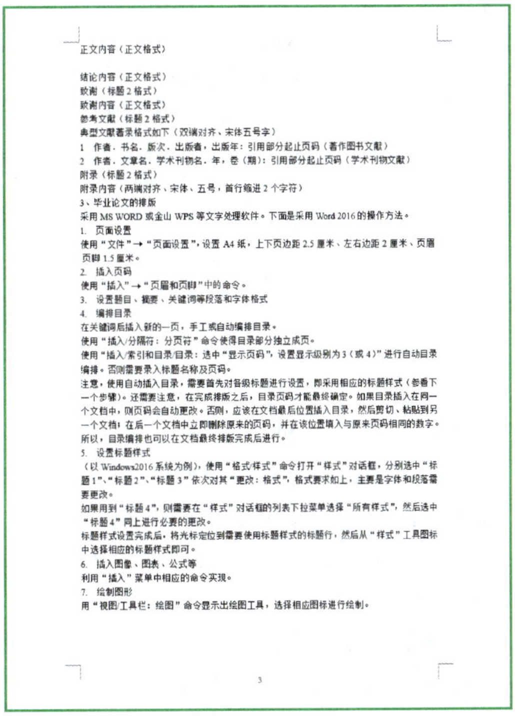

正文内容（正文格式）

结论内容（正文格式）
致谢（标题 2 格式）
致谢内容（正文格式）
参考文献（标题 2 格式）
典型文献著录格式如下（双端对齐、宋体五号字）
1　作者．书名．版次．出版者，出版年：引用部分起止页码（著作图书文献）
2　作者．文章名．学术刊物名．年，卷（期）：引用部分起止页码（学术刊物文献）
附录（标题 2 格式）
附录内容（两端对齐、宋体、五号，首行缩进 2 个字符）
3、毕业论文的排版
采用 MS WORD 或金山 WPS 等文字处理软件。下面是采用 Word 2016 的操作方法。
1.　页面设置
使用“文件”→“页面设置”，设置 A4 纸，上下页边距 2.5 厘米、左右边距 2 厘米、页眉页脚 1.5 厘米。
2.　插入页码
使用“插入”→“页眉和页脚”中的命令。
3.　设置题目、摘要、关键词等段落和字体格式
4.　编排目录
在关键词后插入新的一页，手工或自动编排目录。
使用“插入/分隔符：分页符”命令使得目录部分独立成页。
使用“插入/索引和目录/目录：选中“显示页码”，设置显示级别为 3（或 4）”进行自动目录编排。否则需要录入标题名称及页码。
注意，使用自动插入目录，需要首先对各级标题进行设置，即采用相应的标题样式（参看下一个步骤）。还需要注意，在完成排版之后，目录页码才能最终确定。如果目录插入在同一个文档中，则页码会自动更改。否则，应该在文档最后位置插入目录，然后剪切、粘贴到另一个文档；在后一个文档中立即删除原来的页码，并在该位置填入与原来页码相同的数字。所以，目录编排也可以在文档最终排版完成后进行。
5.　设置标题样式
（以 Windows2016 系统为例），使用“格式/样式”命令打开“样式”对话框，分别选中“标题 1”、“标题 2”、“标题 3”依次对其“更改：格式”，格式要求如上，主要是字体和段落需要更改。
如果用到“标题 4”，则需要在“样式”对话框的列表下拉菜单选择“所有样式”，然后选中“标题 4”同上进行必要的更改。
标题样式设置完成后，将光标定位到需要使用标题样式的标题行，然后从“样式”工具图标中选择相应的标题样式即可。
6.　插入图像、图表、公式等
利用“插入”菜单中相应的命令实现。
7.　绘制图形
用“视图/工具栏：绘图”命令显示出绘图工具，选择相应图标进行绘制。
3

图 2-20　“毕业论文的写作规范与排版格式 .docx”第 3 页

文本格式包括字体、字号和缩进等，并且"样式"都有名称。样式可以应用于一段文字，也可以应用于几个字，所有格式都是一次完成的。以本实训【实训要求】②为例进行设置。

① 设置新样式"2 标题"，其操作如图 2-21 所示。

图 2-21　设置新样式"2 标题"的操作

② 将新建样式应用于其他同级内容，其操作如图 2-22 所示。同理，可设置"2、毕业论文的格式（参考）"和"3、毕业论文的排版"为"2 标题"样式。

2. 添加项目符号和自动编号

在文档中可以使用系统提供的项目符号和编号，也可以自定义项目符号和编号。以本实训【实训要求】③为例，其操作如图 2-23 所示；以本实训【实训要求】④为例，其操作如图 2-24 所示。

3. 设置脚注和尾注

脚注和尾注是为文章添加的注释，经常出现在学术论文或专著中。Word 提供了插入"脚注"和"尾注"功能，并自动为"脚注"和"尾注"编号。以本实训【实训要求】⑤为例，插入脚注的操作如图 2-25 所示；以本实训【实训要求】⑥为例，插入尾注的操作如图 2-26 所示。

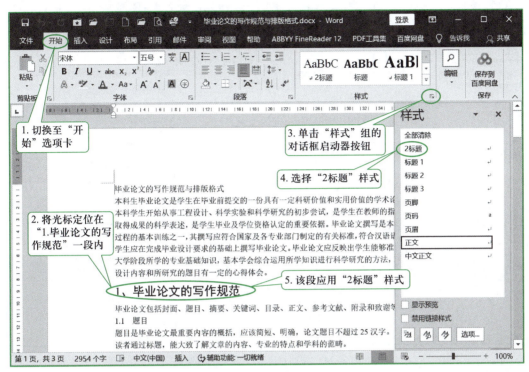

图 2-22　设置"1. 毕业论文的写作规范"为"2 标题"样式

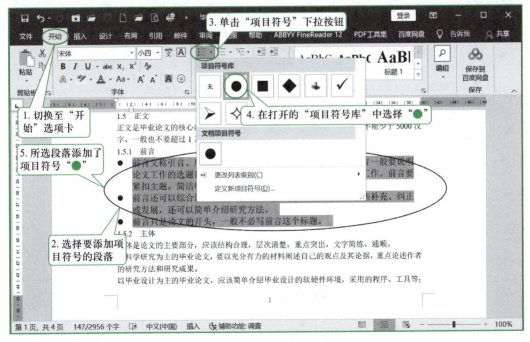

图 2-23　添加"项目符号"的操作

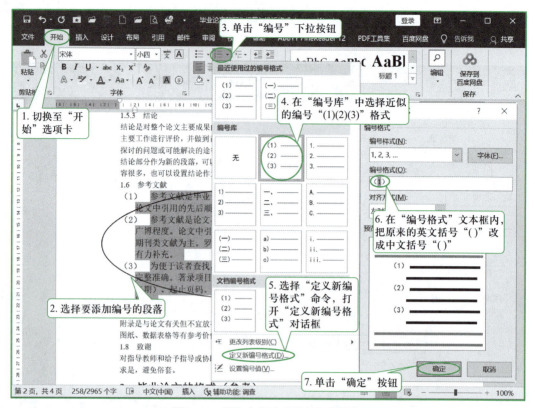

图 2-24　添加自定义"编号"的操作

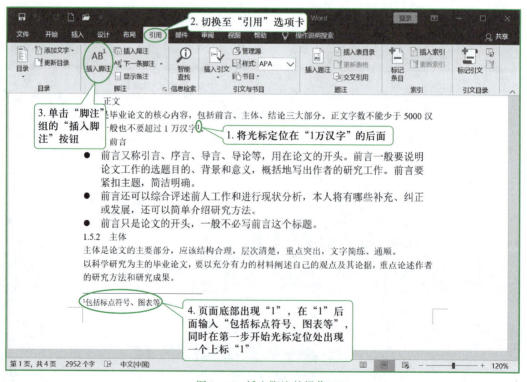

图 2-25　插入脚注的操作

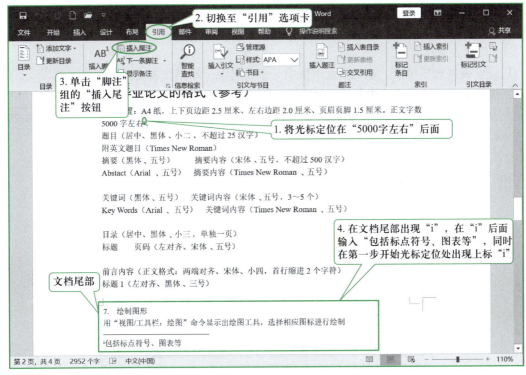

图 2-26　插入尾注的操作

【任务 2.2】Word 表格基本操作

Word 提供了多种创建、编辑表格和设置表格格式的方法。表格操作命令主要集中在"插入"选项卡、"表格工具 | 布局"选项卡及表格快捷菜单中。本任务包含两个实训项目：创建、调整并设置 Word 表格格式，进行 Word 表格转换及计算等操作。

【训练目的】

① 熟练创建和编辑表格。

② 熟练设置表格格式。

③ 熟练使用 Word 表格的公式等功能。

实训 2.2.1　创建、调整并设置 Word 表格格式

【实训描述】

创建、编辑并设置 Word 表格格式。

【实训要求】

（1）创建表格

创建一个 8 行 8 列的表格。

（2）编辑表格

① 设置行高、列宽。将第 1 行高度调整为 1.1cm，第 6 行高度调整为固定值 0.2cm，其余行为 0.7cm；将第 1 列宽度调整为 0.8cm，第 2 列宽度调整为 2.8cm，其余列为 1.5cm。

② 按如图 2-27 所示合并单元格，将"上午"和"下午"单元格调整文字方向为竖向。

③ 绘制斜线表头并添加文字，宋体、五号。

（3）设置表格格式

① 设置表格水平居中，单元格水平居中、垂直居中（除斜线表头外）。

② 设置表格边框，表格中粗线为 1.5 磅、细实线为 0.75 磅。

③ 设置表格底纹，将表格中没有文字的单元格底纹填充为自定义颜色（R=150、G=200、B=255）。

（4）保存文件

将该 Word 文档以"课程表 .docx"的名称保存到自己的文件夹中。

如图 2-27 所示为按以上要求操作后"课程表 .docx"的效果。

	星期 时间	星期一	星期二	星期三	星期四	星期五	星期六
上午	第一节						
	第二节						
	第三节						
	第四节						
下午	第五节						
	第六节						

图 2-27   "课程表 .docx"效果图

【操作要点及提示】

1. 创建 Word 基本表格的多种方法

创建 Word 基本表格有多种方法。以本实训【实训要求】（1）为例，用户可采用以下方法。

方法 1：使用"插入表格"命令，创建表格。具体操作如图 2-28 所示。

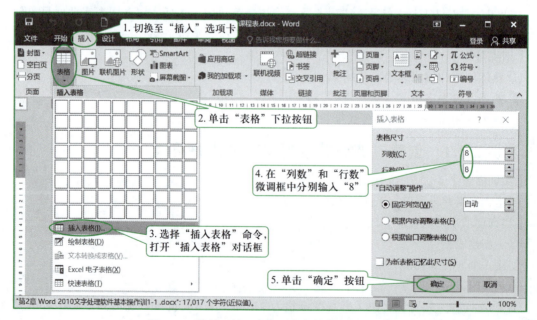

图 2-28   使用"插入表格"命令创建表格的操作

方法 2：使用"插入表格"列表，快速创建表格。具体操作如图 2-29 所示。

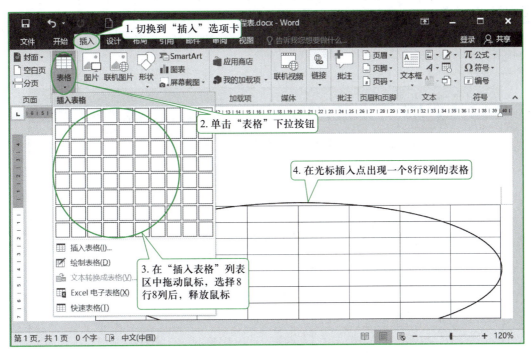

图 2-29　使用"插入表格"列表快速创建表格的操作

方法 3：使用"绘制表格"命令，手动绘制表格。具体操作如图 2-30 所示。

图 2-30　使用"绘制表格"命令手动绘制表格的操作

微课 2-6
绘制斜线表
头的斜线

此外，用户还可以使用插入"Excel 电子表格"和插入"快速表格"方法制作其他样式的表格，也可以将带分隔符的文本转换成表格（详见实训 2.2.2）。

2. 制作斜线表头的两种方法

方法 1：利用文本框制作斜线表头，如图 2-31 和图 2-32 所示。

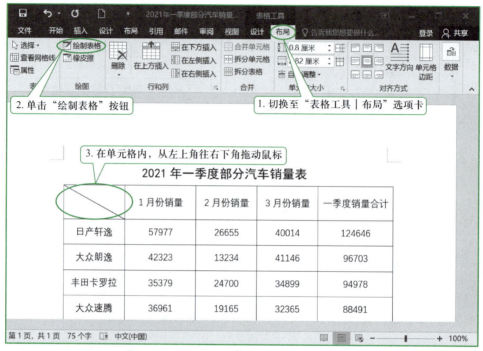

图 2-31　绘制斜线表头

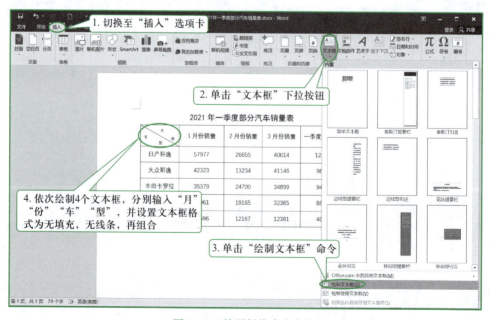

图 2-32　填写斜线表头内容

方法 2：利用文本制作斜线表头，如图 2-33 所示。

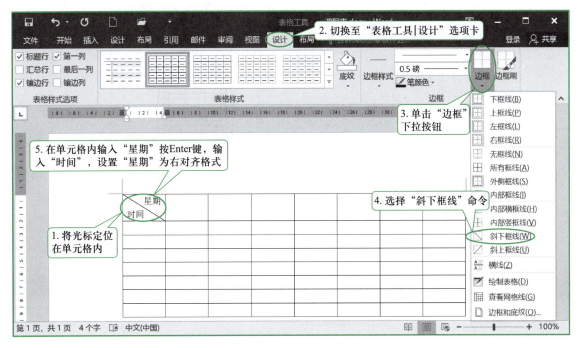

图 2-33 利用文本制作斜线表头

3. 边框线的 5 种类型及设置

Word 默认表格的边框线为 0.5 磅"细实线"，边框线类型分为"无""方框""全部""虚框"和"自定义"5 种类型。当不需要表格线时，选择"无"类型；当只需要在表格外部加边框，内部不用加边框线时，选择"方框"类型；当外部和内部框线相同时，选择"全部"类型；当外部框线有变化时，选择"虚框"类型；当外部框线和内部框线的样式、颜色和宽度不同时，选择"自定义"类型。

以本实训的【实训要求】（3）中②为例，选中表格，切换至"表格工具 | 设计"选项卡，单击"表格样式"组中的"边框"下拉按钮，在下拉列表中选择"边框和底纹"命令，在打开的"边框和底纹"对话框中进行设置，如图 2-34 所示。

4. 设置"边框和底纹"对话框中颜色的 4 种方法

如图 2-35 所示，设置"边框和底纹"对话框中颜色有以下 4 种方法。

① 系统提供的"主题颜色"。

② 系统提供的"标准色"。

③ 其他颜色中的标准颜色。

④ 用户自定义的颜色。

设置时，用户可根据要求选择相应的方法。

以本实训【实训要求】（3）中的③为例，选择没有文字的单元格，右击，在弹出的快捷菜单中选择"边框和底纹"命令，在打开的对话框中进行设置，如图 2-36 所示。

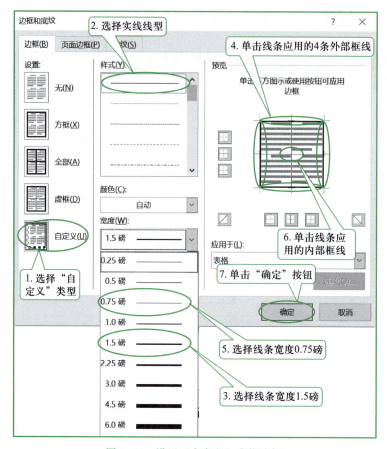

图 2-34   设置"自定义"表格边框

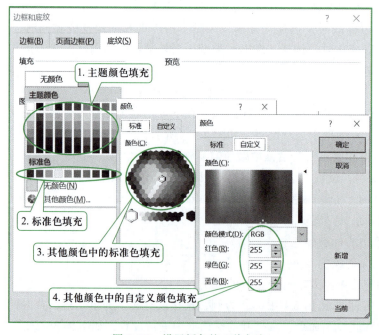

图 2-35   设置颜色的 4 种方法

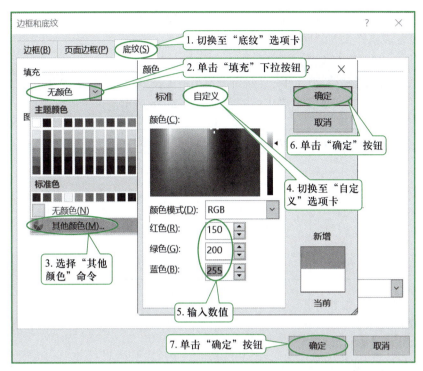

图 2-36　自定义颜色设置

实训 2.2.2　进行 Word 表格转换及计算等操作

【实训描述】

进行 Word 表格转换及计算等操作。

【实训要求】

（1）建立文档

如图 2-37 所示，在文档中插入 "2021 年一季度部分汽车销量表 .txt" 文本内容（注意：文本中的 "分隔符" 是半角分号 ";"）。

（2）将文本转换成表格

将含分隔符 ";" 的 "文本" 转换成 "表格"。

（3）编辑表格

① 在表格右侧添加 "一季度销量合计" 列。

② 为表格添加标题 "2021 年一季度部分汽车销量表"，设置为三号，黑体，居中。

③ 计算 "一季度销量合计" 数值，按 "一季度销量合计" 降序排序。

（4）调整及设置表格格式

① 第 1 行行高为固定值 1.5cm，其他行行高 0.8cm。

② 绘制斜线表头。

图 2-37　要转换为表格的文本

③ 表格水平居中，单元格水平居中、垂直居中（除斜线表头外）。

④ 快速设置表格样式为"网格型 4"。

（5）保存文件

将表格以"2021 年一季度部分汽车销量表 .docx"文件名保存到自己的文件夹中。
完成本实训各项要求后的效果如图 2-38 所示。

微课 2-7
设置表格水
平居中

微课 2-8
设置表格
样式

2021 年一季度部分汽车销量表

月份 车型	1 月份销量	2 月份销量	3 月份销量	一季度销量合计
日产轩逸	57977	26655	40014	124646
大众朗逸	42323	13234	41146	96703
丰田卡罗拉	35379	24700	34899	94978
大众速腾	36961	19165	32365	88491
吉利帝豪	23696	12167	12381	48244

图 2-38　"2021 年一季度部分汽车销量表 .docx"的效果

【操作要点及提示】

1. 将文本转换成表格的关键

将文本转换成表格的关键是选用适当的分隔符将文本合理分隔，转换成表格的行和列。使用段落标记可转换成表格的行，使用制表符、空格、半角分号等可转换成表格的列。如图 2-39 所示，分别是以段落标记和半角分号为分隔符转换成表格。

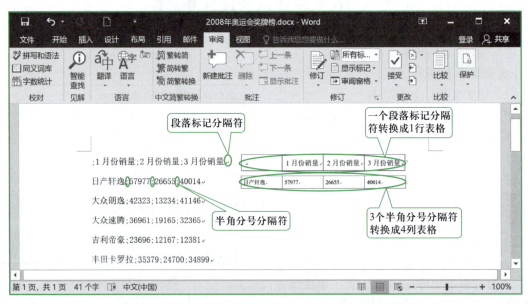

图 2-39　采用不同的分隔符可将文本转换成表格的行和列

如图 2-40 所示，对于只有段落标记的多个文本段落，可将其转换成单列多行的表格；对于同一个文本段落中含有多个制表符或逗号的文本，可将其转换成多列单行的表格；对于包含多个段落和多个分隔符的文本，可将其转换成多列多行的表格。

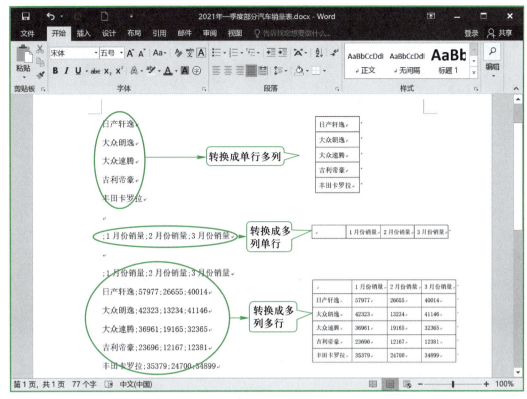

图 2-40　文本被转换成单列多行、单行多列及多行多列的表格

Word 系统可自动识别的分隔符有段落标记、半角分号、空格和制表符。如果使用了其他分隔符，以本实训【实训要求】（2）为例，要转换为表格的本文使用系统不能自动识别分号作为分隔符，要求将其转换为一个 6 行 4 列的表格。需要在"将文字转换成表格"对话框中"文字分隔位置"的"其他字符"文本框处，输入要使用的分隔符；输入完成后，对话框中"表格尺寸"组的"列数"文本框即会显示根据该分隔符所产生的列数，如图 2-41 所示。

2. 在页首表格顶部增加空行的方法

以本实训【实训要求】（3）中②为例，制作表格后，想在其上方添加一个空行输入标题，可采用如下 3 种方法完成。

方法 1：将光标定位在表格第 1 行任意单元格内，按 Ctrl+Shift+Enter 快捷键。

方法 2：将光标定位在表格第 1 行单元格内的最左端起始位置，按 Enter 键。

方法 3：将光标定位在表格第 1 行，切换至"表格工具丨布局"选项卡，单击"合并"组的"拆分表格"按钮。

3. 用 Word 表格的公式进行简单计算处理

Word 能使用公式对表格进行简单计算处理，如求和和计数等。但对于复杂的计算，应采用 Excel 处理。以本实训【实训要求】（3）中③为例，将光标定位在"一季度销量合计"单元格内，切换至"表格工具丨布局"选项卡，单击"数据"组的"fx 公式"按钮，在打开的"公式"对话框中设计公式对"1 月份销量""2 月份销量"及"3 月份销量"下的数值型的数据求和，如图 2-42 所示。

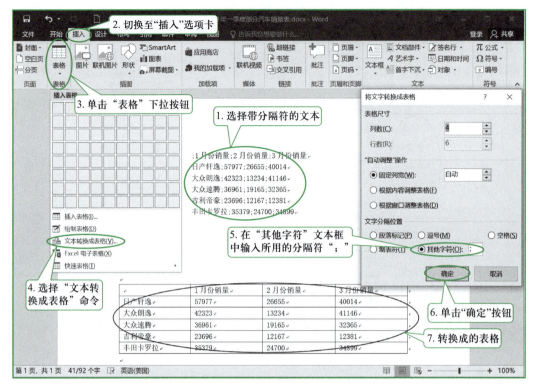

图 2-41 使用分号作为分隔符将文本转换为表格

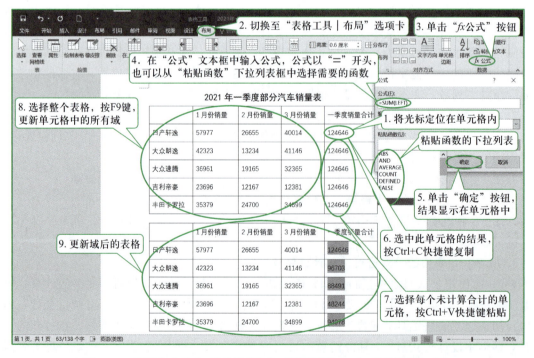

图 2-42 使用公式对"1月份销量""2月份销量"和"3月份销量"求和

> **注意：**
>
> 　　若表格中"1 月份销量""2 月份销量"和"3 月份销量"的数据被修改，"一季度销量合计"单元格内数据不会自动更新；若要更新，需要进行"更新域"操作，操作如图 2-43 所示。

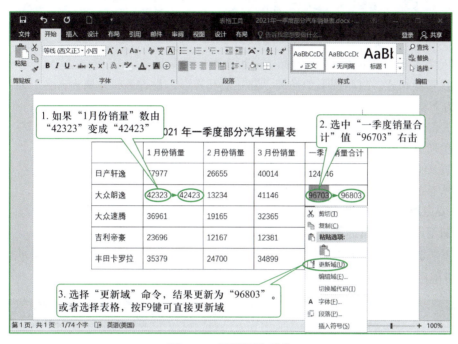

图 2-43　"更新域"操作

【任务 2.3】Word 图文混排

Word 具有强大的图文混排功能。文档中除了文字以外，还可以绘制自选图形，插入图片、文本框和艺术字等，制作出图文并茂的文档。本任务包含两个实训项目：绘制并组合自选图形、图文混排及编辑数学公式。

【训练目的】

① 掌握绘制自选图形，插入图片、文本框、艺术字和数学公式等操作方法。

② 掌握自选图形、图片、文本框和艺术字的格式设置方法。

③ 掌握处理多图形对象的操作方法。

实训 2.3.1　绘制并组合自选图形

【实训描述】

绘制并组合多个自选图形。如图 2-44 所示，绘制不同形状的自选图形，通过各种格式设置，组合成一个结构图，且以"基于数据挖掘的 IDS 体系结构 .docx"为文件名保存到自己的文件夹中。

【实训要求】

如图 2-44 所示，完成以下要求。

① 绘制自选图形，包括椭圆、圆柱形、矩形和箭头。

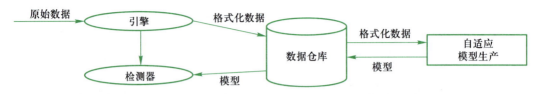

图 2-44　"基于数据挖掘的 IDS 体系结构 .docx"样图

② 插入文本框。图注和箭头上的标注采用文本框完成。

③ 设置形状格式。封闭图形如椭圆、圆柱形和矩形，设置形状轮廓为蓝色，粗细为 1 磅，形状填充为无填充颜色。

④ 设置箭头。形状轮廓为蓝色、粗细为 1 磅，形状效果为阴影外部右下斜偏移。

⑤ 设置所有文本框。形状填充为无填充颜色、形状轮廓无轮廓。

⑥ 设置所有文字。字体为黑体、字号为小五。

⑦ 将所有的图形组合，并设置为页面水平居中。

【操作要点及提示】

1. 绘制不同形状的自选图形

以本实训【实训要求】①为例，将光标定位在需要绘制圆柱的位置，按图 2-45 所示操作步骤，即可绘制圆柱形自选图形。同理，再绘制出椭圆、矩形和箭头等形状。

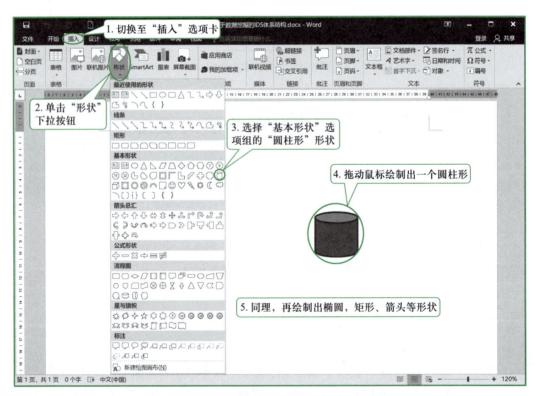

图 2-45　绘制圆柱形自选图形的操作步骤

2. 绘制文本框

将光标定位在要绘制文本框的位置，再按如图 2-46 所示步骤进行操作。

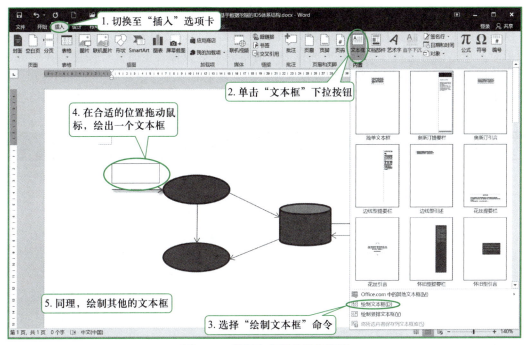

图2-46　绘制文本框的操作步骤

3. 设置自选图形的格式

设置自选图形的格式之前，要先选中相应图形，然后再进行设置。以本实训【实训要求】④中设置箭头格式为例，具体的操作步骤如图2-47所示。

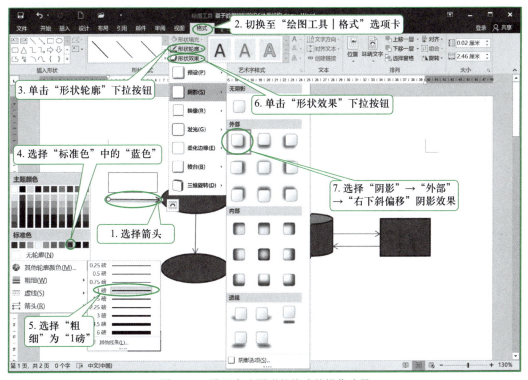

图2-47　设置自选图形的格式的操作步骤

4. 选择多个对象并进行组合

以本实训【实训要求】⑥为例，要对多个图形进行组合，必须先选中多个图形。当选择一个图形时，单击即可选择该图形；当选择多个简单图形且数量较少时，可按住 Ctrl 键或 Shift 键，依次单击各个图形；对于图形数量较多或者图形复杂的情况，则应使用另外的方法。选择多个对象并进行组合的操作如图 2-48 所示。

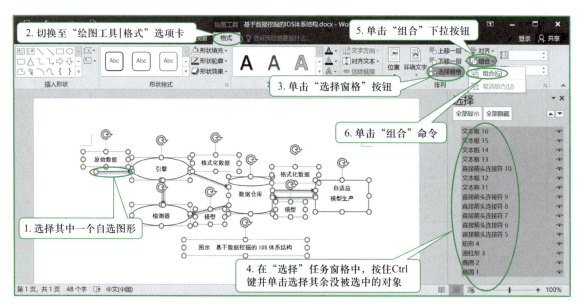

图 2-48　选择多个对象并进行组合的操作

实训 2.3.2　图文混排及编辑数学公式

【实训描述】

以下进行图文混排及编辑数学公式。在文档中输入如图 2-49 所示文字，再插入图片、艺术字、文本框和数学公式等对象，最终效果如图 2-50 所示。

彩色图像描述

彩色图像的颜色丰富，具有强烈的视觉冲击力。计算机能够处理的彩色图像必须经过数字化处理，形成数字化彩色图像后，才可以加工、保存、打印输出、提供印刷等。数字化彩色图像有两种颜色模式：RGB 彩色模式和 CMYK 彩色模式。

RGB 彩色模式用于显示和打印输出，该模式的图像由 R（红）、G（绿）、B（蓝）三种基本颜色构成，称之为"RGB 彩色图像"；RGB 这三种基本颜色被称为"三基色"。三基色是组成彩色图像的基本要素，也是全部计算机彩色设备的基色，如彩色显示器、彩色打印机、彩色扫描仪、数码照相机等，都利用三基色原理进行工作。组成彩色图像的三基色按照一定比例混合，可产生无穷多的颜色，用以表达色彩丰富的图像。对于显示器来说，三基色的叠加，将产生如图所示的色彩效果。图中的字母代表三基色和叠加以后得到的颜色，其对应关系如下：R/红、G/绿、B/蓝、C/青、M/品红、Y/黄、W/白

图 2-49　未经处理的"彩色图像描述 .docx"样文

彩色图像描述

彩色图像的颜色丰富，具有强烈的视觉冲击力。计算机能够处理的彩色图像必须经过数字化处理，形成数字化彩色图像后，才可以加工、保存、打印输出、提供印刷等。数字化彩色图像有两种颜色模式：RGB 彩色模式和 CMYK 彩色模式。

RGB 彩色模式用于显示和打印输出，该

色扫描仪、数码照相机等）都利用三基色原理进行工作。组成彩色图像的三基色按照一定比例混合，可产生无穷多的颜色，用以表达色彩丰富的图像。对于

图注　显示器

显示器来说，三基色的叠加，将产生如图所示的色彩效果。图中的字母代表三基色和叠加以后得到的颜色，其对应关系如下：R/红、G/绿、B/蓝、C/青、M/品红、Y/黄、W/白

$$\int_{-\pi}^{\pi} \frac{\sin x}{(x^2-1)^3} \mathrm{d}x = 0$$

图 2-50　经处理后的"彩色图像描述 HP.docx"样文

【实训要求】

（1）设置标题

将文章标题"彩色图像描述"设置为"艺术字"中第 3 行第 4 列样式，字体为隶书、36 磅，环绕方式为上下型，文本填充为渐变填充"径向渐变 – 个性 1"，文本轮廓为自定义颜色（R=245，G=245，B=170），文本效果为"转换"→"桥形"效果，相对于页面水平居中。

（2）设置格式

设置第 1 段字符格式为楷体，小四，悬挂缩进 2 字符，1.25 倍行距，两端对齐，文字效果设置文本填充为渐变填充"底部聚光灯 – 个性色 1"，文本边框为渐变填充"中等渐变 – 个性色 2"样式。

（3）设置分栏

第 2 段分栏设置，分为等宽两栏，栏间距 4 字符，在两栏中分别插入图片并设置格式。

① 在左栏内插入屏幕截图（如"桌面"截图），且设置艺术效果为"图样"，环绕方式为"衬于文字下方"。

② 在右栏内插入素材图片"显示器 .jpg"，图片大小设置为高度 3cm、锁定纵横比，并在图片下方使用文本框添加图注"图注　显示器"，图注为小五、宋体，文字水平居中，文本框高度为 0.8cm，宽度为 2.5cm，无轮廓，无填充颜色，内部边距均为 0cm。

微课 2-9
设置悬挂
缩进

③ 将图片和图注水平对齐并组合。组合后的图形环绕方式设为"四周型",组合后的图片位置为水平相对于页边距右侧 8.5cm,垂直距页面下侧 8cm,距正文上、下各 0.15cm,左、右各 0.3cm。

(4)在文档末尾输入数学公式:$\int_{-\pi}^{\pi} \dfrac{\sin x}{(x^2-1)^3}\,\mathrm{d}x = 0$。

【操作要点与提示】

1. 艺术字的格式设置

以本实训【实训要求】(1)为例,选择文章标题"彩色图像描述",具体操作步骤如图 2-51 所示。

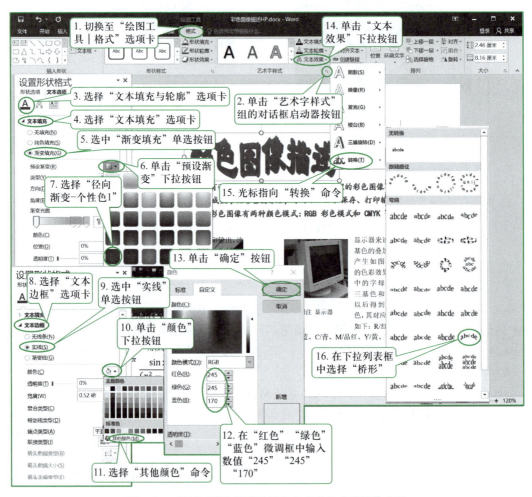

图 2-51　设置"彩色图像描述"艺术字格式的操作步骤

2. 图片和图注组合时的注意事项

以本实训【实训要求】(3)中③为例,在组合图片和图注时,由于刚插入的图片默认环绕方式是"嵌入型",因此无法同时选择图片和文本框。把图片的环绕方式由"嵌入型"改为"四周型"后,才可以同时选中图片和文本框,如图 2-52 所示。

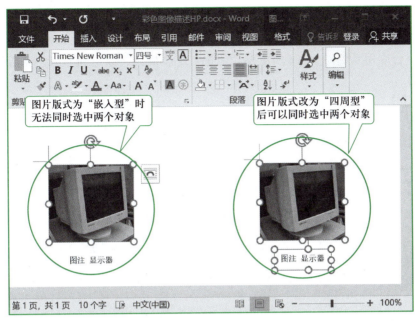

图 2-52　"嵌入式"和"四周型"的版式效果对比

3. 编辑数学公式

在编辑学术论文、制作试卷时，经常会需要输入各种公式。在 Word 中，通过单击"插入"选项卡"符号"组中的"公式"按钮可输入公式。以本实训【实训要求】（4）为例，将光标定位在文档尾部，具体操作步骤如图 2-53 所示。

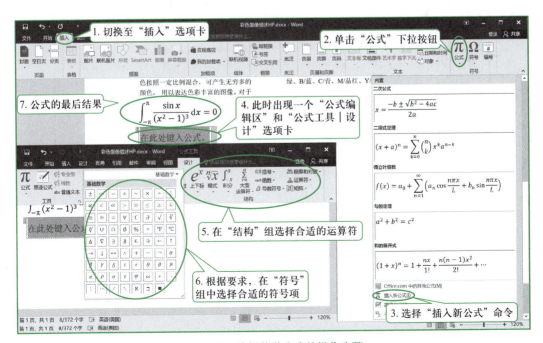

图 2-53　编辑数学公式的操作步骤

【Word 综合应用示例】

通过本综合应用示例对 Word 的主要功能进行综合应用，以达到熟练、灵活使用 Word 主要功能的目的。

【示例描述】

打开素材文件夹 Wordct 下的"第 3 节　蓝牙的技术内容 .docx"文件，如图 2-54 所示，按"操作要求 1"~"操作要求 4"进行操作。

第 3 节 蓝牙的技术内容

蓝牙技术被设计为工作在全球通用的 2.4GHz ISM 频段。蓝牙的数据速率为 1Mbit/s。ISM 频带是对所有无线电系统都开放的频带，因此使用其中的某个频段都会遇到不可预测的干扰源。为此，蓝牙特别设计了快速确认和跳频方案以确保线路稳定。跳频技术是把频带分成若干个跳频信道（hop channel），在一次连接中，无线电收发器按一定的码序列（即一定的规律，技术上叫做"伪随机码"）不断地从一个信道跳到另一个信道，只有收发双方是按这个规律进行通信的，而其他的干扰不可能按同样的规律进行干扰；跳频的瞬时带宽是很窄的，但通过扩展频谱技术使这个窄带宽成百倍地扩展成宽频带，使干扰可能的影响变成很小。与其它工作在相同频段的系统相比，蓝牙跳频更快，数据包更短，这使蓝牙比其他系统都更稳定。

蓝牙系统由以下功能单元组成：
● 无线单元
● 链路控制（硬件）单元
● 链路管理（软件）单元
● 软件（协议栈）功能单元

蓝牙规定了两种功率水平。较低的功率可以覆盖较小的私人区域，如一个房间；而较高的功率可以覆盖一个中等的区域，如整个家庭。软件控制和识别代码被集成到每一个微芯片中，以确保只有这些单元的主人之间才能进行通信。

蓝牙系统采用一种灵活的无基站的组网方式，使得一个蓝牙设备可同时与 7 个其他的蓝牙设备相连接。蓝牙系统采用拓扑结构的网络，有微微网（Piconet）和分布式网络（Scatternet）两种形式：

（2）分布式网络
分布式网络是由多个独立的非同步的微微网组成的。它靠跳频顺序识别每个微微网。同一个微微网中的所有用户都与这个跳频顺序同步。一个分布网络，在带有 10 个全负载的独立的微微网的情况下，全双工的数据速率超过 6Mbit/s。

（1）微微网
微微网是通过蓝牙技术连接起来的一种微型网络，一个微微网可以只是两台相连的设备，比如一台便携式电脑和一部移动电话，也可以是 8 台连在一起的设备。在一个微微网中，所有设备的级别是相同的，具有相同的权限。在微微网初建时，定义其中的一个蓝牙设备为主设备（Master），其余设备则为从设备（Slave）。

图 2-54　第 3 节蓝牙的技术内容 .docx

【操作要求 1】

编辑"第 3 节　蓝牙的技术内容 .docx"，具体要求如下。

① 删除文中所有空行。

② 将文中所有"●"符号替换为"◆"符号。

③ 将文中"（2）分布式网络……"与"（1）微微网……"（包含标题及内容）两字符块内容互换位置。

完成以上操作后，将结果以原文件名保存，文档效果如图 2-55 所示。

第 3 节　蓝牙的技术内容

蓝牙技术被设计为工作在全球通用的 2.4GHz ISM 频段。蓝牙的数据速率为 1Mbit/s。ISM 频带是对所有无线电系统都开放的频带，因此使用其中的某个频段都会遇到不可预测的干扰源。为此，蓝牙特别设计了快速确认和跳频方案以确保线路稳定。跳频技术是把频带分成若干个跳频信道（hop channel），在一次连接中，无线电收发器按一定的码序列（即一定的规律，技术上叫做"伪随机码"）不断地从一个信道跳到另一个信道，只有收发双方是按这个规律进行通信的，而其他的干扰不可能按同样的规律进行干扰；跳频的瞬时带宽是很窄的，但通过扩展频谱技术使这个窄带宽成百倍地扩展成宽频带，使干扰可能的影响变成很小。与其它工作在相同频段的系统相比，蓝牙跳频更快，数据包更短，这使蓝牙比其他系统都更稳定。

蓝牙系统由以下功能单元组成：

◆　无线单元

◆　链路控制（硬件）单元

◆　链路管理（软件）单元

◆　软件（协议栈）功能单元

蓝牙规定了两种功率水平。较低的功率可以覆盖较小的私人区域，如一个房间；而较高的功率可以覆盖一个中等的区域，如整个家庭。软件控制和识别代码被集成到每一个微芯片中，以确保只有这些单元的主人之间才能进行通信。

蓝牙系统采用一种灵活的无基站的组网方式，使得一个蓝牙设备可同时与 7 个其他的蓝牙设备相连接。蓝牙系统采用拓扑结构的网络，有微微网（Piconet）和分布式网络（Scatternet）两种形式：

（1）微微网

微微网是通过蓝牙技术连接起来的一种微型网络，一个微微网可以只是两台相连的设备，比如一台便携式电脑和一部移动电话，也可以是 8 台连在一起的设备。在一个微微网中，所有设备的级别是相同的，具有相同的权限。在微微网初建时，定义其中的一个蓝牙设备为主设备（Master），其余设备则为从设备（Slave）。

（2）分布式网络

分布式网络是由多个独立的非同步的微微网组成的。它靠跳频顺序识别每个微微网。同一个微微网中的所有用户都与这个跳频顺序同步。一个分布网络，在带有 10 个全负载的独立的微微网的情况下，全双工的数据速率超过 6Mbit/s。

图 2-55　按"操作要求 1"编辑后的文档效果

【操作步骤】

步骤 1：删除文中所有的空行。将光标定位在文档的首部，切换至"开始"选项卡，单击"编辑"组中的"查找"下拉按钮，在下拉列表中选择"高级查找"命令，在打开的对话框"查找内容"文本框内输入两个段落标记（^p^p），在"替换为"文本框内输入一个段落标记（^p），按如图 2-56 所示提示进行操作即可。

步骤 2：查找 / 替换"●"符号：将光标定位在文档的首部，在打开的"查找和替换"对话框"查找内容"文本框中使用软键盘输入特殊符号"●"，在"替换为"文本框中输入"◆"，单击"全部替换"按钮即可。

微课 2-10
查找替换特殊符号

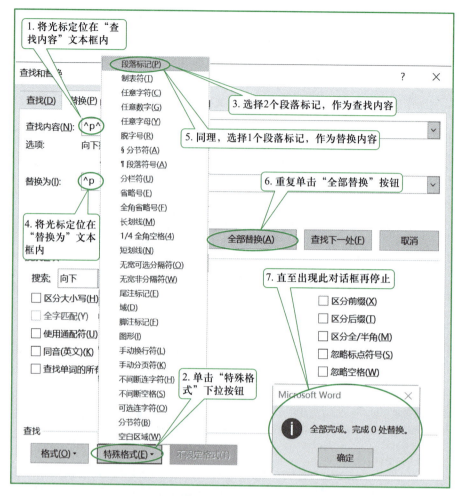

图 2-56　删除空行

步骤 3：文本块互换位置。

方法 1：选中"（1）微微网……"块内容，拖动鼠标指针至"（2）分布式网络……"块前面，松开鼠标即可。

方法 2：选中"（1）微微网……"块内容，按 Ctrl+X 快捷键剪切内容，将光标移动到"（2）分布式网络……"块前面，按 Ctrl+V 快捷键将剪贴板内容粘贴到当前位置即可。

完成以上操作后，将结果以原文件名保存。

【操作要求 2】

设置字体、段落和页面格式等。

① 页面设置：设置纸张大小为 16 开，设置页边距上、下均为 2.5cm；左、右均为 2cm，页眉、页脚距边界均为 1.5cm。

② 设置页眉为"蓝牙技术基础"，字体设置为隶书、五号、红色、右对齐。

③ 文章标题"第 3 节　蓝牙的技术内容"设置为黑体、三号、水平居中、段前 0.5 行、段后 0.5 行。

④ 小标题"（1）微微网""（2）分布式网络"设置为悬挂缩进 2 字符、左对齐、1.5 倍行

距、楷体、蓝色、小四、加粗。

⑤ 其余部分（除文章标题及小标题以外的部分）设置为首行缩进 2 字符、两端对齐、宋体、五号。

完成以上操作后，文档效果如图 2-57 所示。

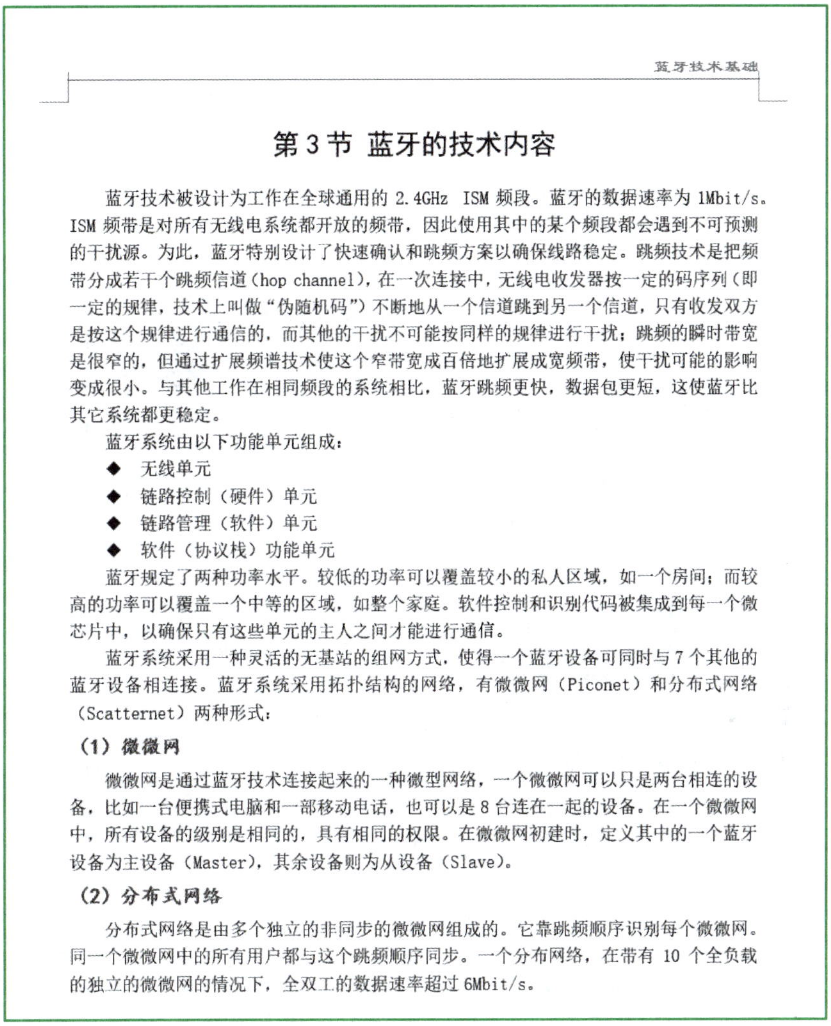

图 2-57　按"操作要求 2"设置后文档效果

【操作步骤】

（1）页面设置

① 设置纸张及页眉、页脚。切换至"布局"选项卡，单击"页面设置"组的对话框启动按钮。在打开的"页面设置"对话框中选择"纸张"选项卡，在"纸张大小"下拉列表中选择"16 开"；切换至"版式"选项卡，在"距边界"组的"页眉""页脚"文本框中输入"1.5 厘米"，单击"确定"按钮。

② 设置页边距。在"页面设置"对话框选择"页边距"选项卡，在"上""下"文本框中输入"2.5 厘米"，在"左""右"文本框中输入"2 厘米"。

（2）页眉设置

① 插入页眉文字。切换至"插入"选项卡，单击"页眉和页脚"组中的"页眉"下拉按钮，在下拉列表中选择"编辑页眉"命令，在页眉编辑区内输入"蓝牙技术基础"。

② 设置页眉格式。选定"蓝牙技术基础"页眉文字，切换至"开始"选项卡，单击"字体"组对话框启动按钮，在打开的"字体"对话框中设置，具体操作步骤如图 2-58 所示。设置完成后，单击"段落"组的"右对齐"按钮。

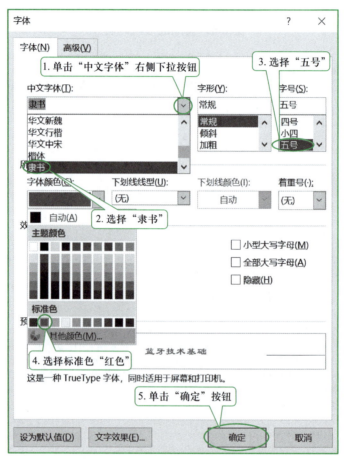

图 2-58   设置页眉的字体格式的操作步骤

（3）文章标题格式设置

① 字体格式的设置有两种设置方法，分别是简单格式利用功能区按钮设置和复杂格式在"字体"对话框中设置。采用第 1 种设置方法，选中标题"第 3 节   蓝牙的技术内容"文字，切换至"开始"选项卡，单击"字体"组"字体"下拉按钮，在下拉列表中选择"黑体"，单击"字号"下拉按钮，在下拉列表中选择"三号"。

② 段落格式的设置也有两种方法，简单格式利用功能区按钮设置和复杂格式在"段落"对话框中设置。采用第 2 种方法，选中标题文字，单击"段落"组对话框启动按钮，在打开的"段落"对话框中设置，具体操作步骤如图 2-59 所示。

图 2-59　设置段落格式的操作步骤

（4）小标题格式设置

① 标题 1 格式设置。选定标题"（1）微微网"，切换至"开始"选项卡，在"字体"组中设置楷体、小四、加粗、蓝色，单击"段落"组对话框启动按钮，在"段落"对话框中设置悬挂缩进 2 字符、左对齐、1.5 倍行距。

② 标题 2 设置（使用"格式刷"复制格式）。选择标题 1"（1）微微网"，单击"剪贴板"组"格式刷"按钮，选择标题 2"（2）分布式网络"，粘贴标题 1 格式。

📖 **说明：**

　　如果需要多次粘贴格式，则可以双击"格式刷"按钮，进入"格式刷"模式，再依次选择需粘贴格式的文本，设置完成后，再退出"格式刷"模式。

（5）其余部分格式设置

按以上小标题格式设置方法完成其余部分格式设置。完成以上操作后，将结果以原文件名保存。

【操作要求 3】

进行图文操作，在文档中插入图片和文本框，与文字一起排版。

① 在文章中插入 Wordct 文件夹下的图片文件"1.jpg"，将图片高度设置为 4cm，锁定纵横比。

② 在图片下面使用文本框添加图注"蓝牙的技术内容"，图注文字格式设置为小五、黑体，水平居中，文本框高 0.8cm、宽 4cm，内部边距均为 0cm，无轮廓。

③ 将图片及其图注水平居中对齐并组合。将组合后的图片环绕方式设置为"四周型"，图片位置为水平距页边距右侧 0cm，垂直距页边距下侧 6.8cm。

将排版后的文件以原文件名存盘，样文效果如图 2-60 所示。

蓝牙技术基础

第 3 节 蓝牙的技术内容

蓝牙技术被设计为工作在全球通用的 2.4GHz ISM 频段。蓝牙的数据速率为 1Mbit/s。ISM 频带是对所有无线电系统都开放的频带，因此使用其中的某个频段都会遇到不可预测的干扰源。为此，蓝牙特别设计了快速确认和跳频方案以确保线路稳定。跳频技术是把频带分成若干个跳频信道（hop channel），在一次连接中，无线电收发器按一定的码序列（即一定的规律，技术上叫做"伪随机码"）不断地从一个信道跳到另一个信道，只有收发双方是按这个规律进行通信的，而其他的干扰不可能按同样的规律进行干扰；跳频的瞬时带宽是很窄的，但通过扩展频谱技术使这个窄带宽成百倍地扩展成宽频带，使干扰可能的影响变成很小。与其他工作在相同频段的系统相比，蓝牙跳频更快，数据包更短，这使蓝牙比其它系统都更稳定。

蓝牙系统由以下功能单元组成：

◆ 无线单元
◆ 链路控制（硬件）单元
◆ 链路管理（软件）单元
◆ 软件（协议栈）功能单元

蓝牙规定了两种功率水平。较低的功率可以覆盖较小的私人区域，如一个房间；而较高的功率可以覆盖一个中等的区域，如整个家庭。软件控制和识别代码被集成到每一个微芯片中，以确保只有这些单元的主人之间才能进行通信。

蓝牙系统采用一种灵活的无基站的组网方式，使得一个蓝牙设备可同时与 7 个其他的蓝牙设备相连接。蓝牙系统采用拓扑结构的网络，有微微网（Piconet）和分布式网络（Scatternet）两种形式：

（1）微微网

微微网是通过蓝牙技术连接起来的一种微型网络，一个微微网可以只是两台相连的设备，比如一台便携式电脑和一部移动电话，也可以是 8 台连在一起的设备。在一个微微网中，所有设备的级别都是相同的，具有相同的权限。在微微网初建时，定义其中的一个蓝牙设备为主设备（Master），其余设备则为从设备（Slave）。

（2）分布式网络

分布式网络是由多个独立的非同步的微微网组成的。它靠跳频顺序识别每个微微网。同一个微微网中的所有用户都与这个跳频顺序同步。一个分布网络，在带有 10 个全负载的独立的微微网的情况下，全双工的数据速率超过 6Mbit/s。

图 2-60　按"操作要求 3"排版后样文效果

【操作步骤】

（1）插入图片并设置格式

① 插入图片。将光标定位在文档中任意位置，切换至"插入"选项卡，单击"插图"组的"图片"按钮，在打开的"插入图片"对话框中选择 Wordct 文件夹中的"1.jpg"文件，单击"插入"按钮。

② 设置图片大小。单击插入的图片，切换至"图片工具 | 格式"选项卡，单击"排列"组中的"位置"下拉按钮，在下拉列表中选择"其他布局选项"命令，或者右击图片，在弹出的快捷菜单中选择"大小和位置"命令，在打开的"布局"对话框中进行设置，如图 2-61 所示。

图 2-61　设置图片大小

（2）插入文本框并设置格式

① 插入文本框。切换至"插入"选项卡，单击"文本"组中"文本框"下拉按钮，在下拉列表中选择"绘制文本框"命令，当鼠标指针变成"十"字形状时，在图片下面拖动鼠标指针绘制出一个文本框。

② 编辑并设置文本格式。在文本框内输入"蓝牙的技术内容"，切换至"开始"选项卡，在"字体"组中选择"黑体""小五"，在"段落"组中单击"居中"按钮。

③ 设置文本框大小。选中文本框，切换至"绘图工具 | 格式"选项卡，在"大小"组设置文本框高度为"0.8 厘米"、宽度为"4 厘米"。

④ 设置文本框格式。右击文本框，在弹出的快捷菜单选择"设置形状格式"命令，在打开的"设置形状格式"任务窗格中进行设置，如图 2-62 所示。

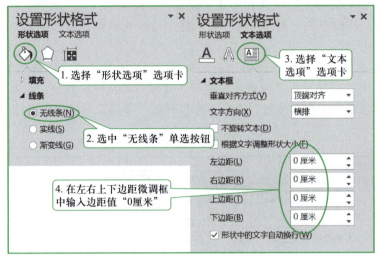

图 2-62　设置文本框格式

（3）设置图片和图注对象对齐及组合

① 同时选择图片和图注对象。由于图片版式是"嵌入型"，因此无法将其和文本框同时选中，所以需要先将图片版式改变为"四周型"。选中图片，切换至"图片工具 | 格式"选项卡，单击"排列"组中的"环绕方式"下拉按钮，在下拉列表中选择"四周型"选项，按住 Shift 键并单击图片和文本框（即同时选中 2 个对象），然后进行以下操作。

微课 2-11
设置对象的
对齐方式和
组合

② 设置水平居中对齐。单击"排列"组的"对齐"下拉按钮，在下拉列表中选择"左右居中"命令。

③ 组合。单击"排列"组的"组合"下拉按钮，在下拉列表中选择"组合"命令。

（4）设置图片和图注组合对象版式和位置

① 打开"布局"对话框。选中组合对象，切换至"图片工具 | 格式"选项卡，单击"排列"选项组中的"位置"下拉按钮，在下拉列表中选择"其他布局选项"命令，在打开的"布局"对话框进行以下操作。

② 设置组合对象版式。切换至"文字环绕"选项卡，选择"四周型"环绕方式。

③ 设置组合对象位置。切换至"位置"选项卡，设置如图 2-63 所示。

完成以上操作后，将结果以原文件名保存。

【操作要求 4】

进行表格操作：建立一个新的 Word 文档，制作一个 5 行 5 列的表格，如图 2-64 所示，并按如下要求调整表格，结果以文件名"bga.docx"保存在自己的文件夹中。

① 第 1 列列宽 2.5cm，第 3 列列宽 2cm，其余列宽为 3cm；所有行高为固定值 1cm；整个表格水平居中；所有单元格对齐方式为垂直居中。

② 参照样表合并单元格并添加文字。文字格式为仿宋、小四、加粗。

③ 表格所有边框为绿色，外边框为 0.5 磅双线，内边框为 0.5 磅单实线。

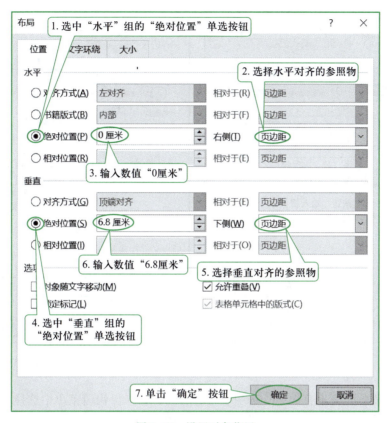

图 2-63　设置对象位置

姓名		性别		
出生年月		职称		
毕业院校				
工作单位				
家庭住址				

图 2-64　"bga.docx"样表

④ 在表格中插入 Wordct 文件夹下的图片文件 "2.jpg"，设置为四周型环绕方式，位置见样表；图片设置高为 2.54cm、宽为 2.35cm。

【操作步骤】

步骤 1：设置列宽。选择第 4 列和第 5 列，切换至"表格工具 | 布局"选项卡，单击"表"组中的"属性"按钮，在打开的"表格属性"对话框中进行设置，如图 2-65 所示。

步骤 2：设置行高。选定表格所有行，右击，在弹出的快捷菜单选择"表格属性"命令，在打开的"表格属性"对话框中进行设置，如图 2-66 所示。

步骤 3：设置表格水平居中。选中整个表格，切换至"开始"选项卡，单击"段落"组中的"居中"按钮；或者按如图 2-67 所示进行操作。

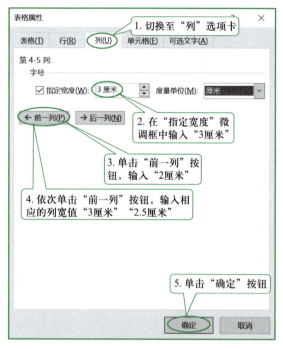

图 2-65　设置列宽　　　　　　　　　　　　图 2-66　设置行高

步骤4：设置单元格垂直居中。选中表格，右击，在弹出快捷菜单中选择"表格属性"命令，在打开的"表格属性"对话框中进行设置，如图2-68所示。

图 2-67　设置表格水平居中

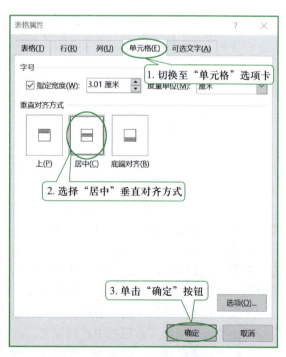

图 2-68　设置单元格垂直居中

步骤 5：在表格中添加文字并设置。按样表，在相应单元格中输入文字后，选中表格，切换至"开始"选项卡，在"字体"组设置为仿宋、小四、加粗。

步骤 6：设置表格边框。选中表格，右击，在弹出的快捷菜单中选择"边框和底纹"命令，在打开的"边框和底纹"对话框中进行设置，如图 2-69 所示。

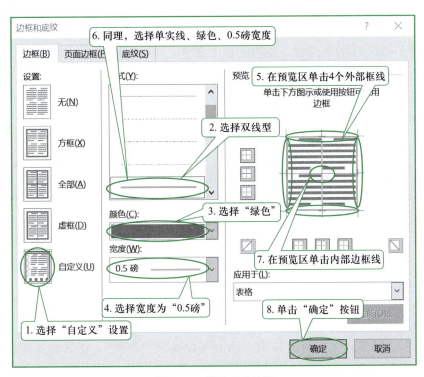

图 2-69　设置表格边框

步骤 7：在表格内插入图片。将光标定位在相应的单元格内，切换至"插入"选项卡，单击"插图"组中的"图片"按钮，在打开的"插入图片"对话框中选择 Wordct 文件夹下的"2.jpg"文件，单击"插入"按钮。

步骤 8：设置图片版式。选中图片，切换至"图片工具 | 格式"选项卡，单击"排列"组中的"环绕文字"下拉按钮，选择"四周型"环绕方式。

步骤 9：设置图片大小。选中图片，切换至"图片工具 | 格式"选项卡，在"大小"组中设置高度为 2.54cm、宽度为 2.35cm。

完成以上操作后，将结果以"bga.docx"文件名保存在自己的文件夹中。

【Word 综合测试】

【综合测试 1】

1. 在 Wordct 文件夹下，打开文档 Worda1.docx，按照要求完成下列操作并以该文件名（Worda1.docx）保存文档。

（1）将文中所有错词"月秋"替换为"月球"；为页面添加内容为"科普"的文字水印；

微课 2-12
为段落添加
边框

设置页面上、下边距均为 4 厘米。

（2）将标题段文字（"为什么铁在月球上不生锈？"）设置为小二、红色（标准色）、黑体、居中，并为标题段文字添加绿色（标准色）阴影边框。

（3）将正文各段文字（"众所周知……不生锈了吗？"）设置为五号、仿宋；设置正文各段落左右各缩进 1.5 字符、段前间距 0.5 行；设置正文第 1 段（"众所周知……不生锈的方法。"）首字下沉 2 行、距正文 0.1 厘米；其余各段（"可是……不生锈了吗？"）首行缩进 2 字符；将正文第 4 段（"这件事……不生锈了吗？"）分为等宽两栏，栏间距加分隔线。

2. 在 Wordct 文件夹下，打开文档 Worda2.docx，按照要求完成下列操作并以该文件名（Worda2.docx）保存文档。

微课 2-13
设置表格的
边框和底纹

（1）将文中后 5 行文字转换成一个 5 行 3 列的表格；设置表格各列列宽为 3.5 厘米、各行行高为 0.7 厘米、表格居中；设置表格中第 1 行文字水平居中，其他各行第 1 列文字中部两端对齐，第 2 列和第 3 列文字中部右对齐。在"所占比值"列中的相应单元格中，按公式"所占比值＝产值／总值"计算所占比值，计算结果的格式为默认格式。

（2）设置表格外框线为 1.5 磅红色（标准色）单实线、内框线为 0.5 磅蓝色（标准色）单实线；为表格添加"绿色，个性色 6，淡色 80%"底纹。

【综合测试 2】

1. 在 Wordct 文件夹下，打开文档 wordb1.docx，按照要求完成下列操作并以该文件名（Wordb1.docx）保存文档。

微课 2-14
插入页码并
设置格式

（1）将文中所有错词"隐士"替换为"饮食"；在页面底端插入内置"普通数字 2"型页码，并设置页码编号格式为"Ⅰ、Ⅱ、Ⅲ、……"、起始页码为"Ⅴ"。将页面颜色设置为橙色（标准色），页面纸张大小设置为"16 开（18.4 厘米 ×26 厘米）"。

（2）将标题段文字（"运动员的饮食"）设置为二号、黑体、居中，文本效果设置为内置"中等渐变 – 个性色 4；紧密映像，接触"样式。

微课 2-15
设置文本
效果

（3）将正文第 4 段文字（"游泳……糖类物质。"）移至第 3 段文字（"马拉松……绿叶菜等。"）之前；设置正文各段（"运动员的……绿叶菜等。"）的中文为楷体、西文为 Arial 字体；设置各段落左右各缩进 1 字符、段前间距 0.5 行、1.25 倍行距。设置正文第 1 段（"运动员的……也不同。"）首行缩进 2 字符；为正文第 2 段 ~ 第 4 段（"体操……绿叶菜等。"）添加"1）、2）、3）……"样式的编号。

2. 在 Wordct 文件夹下，打开文档 Wordb2.docx，按照要求完成下列操作并以该文件名（Wordb2.docx）保存文档。

（1）将文中后 6 行文字转换为一个 6 行 5 列的表格；将表格样式设置为内置"网格表 1 浅色 – 着色 4"；设置表格居中、表格中所有文字水平居中；设置表格各列列宽为 2.7 厘米、各行行高为 0.7 厘米、单元格左右边距各为 0.25 厘米。

（2）设置表格外框线为 0.5 磅红色双窄线、内框线为 0.5 磅红色单实线；按"美国"列依据"数字"类型降序排列表格内容。

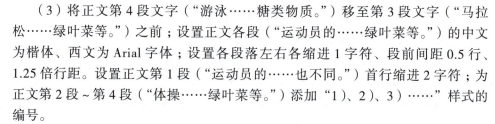

【综合测试 3】

1. 在 Wordct 文件夹下，打开文档 Wordc1.docx，按照要求完成下列操作并以该文件名 Wordc1.docx 保存文档。

（1）将文中所有错词"款待"替换为"宽带"；设置页面颜色为"橙色，个性色 2，淡色 80%"；插入内置"奥斯汀"型页眉，输入页眉内容"互联网发展现状"。

微课 2-16
设置页面颜色

（2）将标题段文字（"宽带发展面临路径选择"）设置为三号、黑体、红色（标准色）、倾斜、居中并添加深蓝色（标准色）波浪下画线；将标题段设置为段后间距 1 行。

（3）设置正文各段（"近来，……都难以获益。"）首行缩进 2 字符、20 磅行距、段前间距 0.5 行。将正文第 2 段（"中国出现……历史机遇。"）分为等宽的两栏；为正文第 2 段中的"中国电信"一词添加超链接，链接地址为"http://www.189.cn/"。

微课 2-17
为文字添加超链接

2. 在 Wordct 文件夹下，打开文档 Wordc2.docx，按照要求完成下列操作并以该文件名 Wordc2.docx 保存文档。

（1）将文中后 4 行文字转换为一个 4 行 4 列的表格；设置表格居中，表格各列列宽为 2.5 厘米、各行行高为 0.7 厘米；在表格最右边增加一列，列标题为"平均成绩"，计算各考生的平均成绩，并填入相应单元格内，计算结果的格式为默认格式；按"平均成绩"列依据"数字"类型降序排列表格内容。

（2）设置表格中所有文字水平居中；设置表格外框线及第 1 行和第 2 行间的内框线为 0.75 磅紫色（标准色）双窄线、其余内框线为 1 磅红色（标准色）单实线；将表格底纹设置为"橙色，个性色 2，淡色 80%"。

【综合测试 4】

1. 在 Wordct 文件夹下，打开文档 Wordd1.docx，按照要求完成下列操作并以该文件名（Wordd1.docx）保存文档。

（1）将文中所有"传输速度"替换为"传输率"；将标题段文字（"硬盘的技术指标"）设置为小二、红色、黑体、加粗、居中，并添加黄色底纹；段后间距设置为 1 行。

（2）将正文各段文字（"目前台式机中……512KB 至 2MB。"）的中文设置为五号、仿宋，英文设置为五号、Arial 字体；各段落左右各缩进 1.5 字符、各段落设置为 1.4 倍行距。

微课 2-18
为段落添加编号

（3）正文第 1 段（目前台式机中…技术指标如下：）首字下沉两行，距正文 0.1 厘米；正文后 5 段（平均访问时间：……512KB 至 2MB。）分别添加编号 1）、2）、3）、4）、5）。

2. 在 Wordct 文件夹下，打开文档 Wordd2.docx，按照要求完成下列操作并以该文件名（Wordd2.docx）保存文档。

（1）设置表格列宽为 2.8 厘米、行高为 0.6 厘米；设置表格居中；表格中第 1 行和第 1 列文字水平居中，其他各行各列文字中部右对齐。设置表格单元格左右边距均为 0.3 厘米。

微课 2-19
表格中的乘积函数

（2）在"合计（元）"列中的相应单元格中，按公式（合计 = 单价 × 数量）

计算并填入左侧设备的合计金额，并按"合计（元）"列升序排列表格内容。

【综合测试 5】

1. 在 Wordct 文件夹下，打开文档 Wordel.docx，按照要求完成下列操作并以该文件名 Worde1.docx 保存文档。

（1）将标题段文字（"搜狐荣登 Netvalue 五月测评榜首"）设置为小三、宋体、红色、加下画线、居中并添加蓝色（标准色）底纹，文本效果为底部聚光灯 – 个性色 1，外部阴影为右下斜偏移；段后间设置为 1 行。

微课 2-20
合并段落

（2）将正文各段中（"总部设在欧洲的……第一中文门户网站的地位。"）所有英文文字设置为 Times New Roman 字体，中文字体设置为仿宋，所有文字及符号设置为小四；首行缩进 2 字符，行距为 2 倍行距。

（3）将正文第 2 段（"Netvalue 的综合排名是建立在……六项指标的基础之上"）与第 3 段（"在 Netvalue5 月针对中国大陆……，名列第一。"）合并，将合并后的段落分为等宽的两栏，设置栏宽为 18 字符，栏间加分隔线。

2. 在 Wordct 文件夹下，打开文档 Worde2.docx，按照要求完成下列操作并以该文件名 Worde2.docx 保存文档。

（1）将文档中所提供的文字转换为一个 6 行 3 列表格，再将表格内容设置为"中部右对齐"；设置表格各列列宽为 3 厘米。

（2）表格样式采用内置样式"网格表 1 浅色 – 着色 1"，再将表格内容按"商品单价（元）"的递减次序进行排序。

第3章

Excel 2016 基本操作训练

Excel 2016（以下简称 Excel）是功能强大的电子表格软件，具有制作工作表、计算工作表数据、对工作表数据进行管理与分析、把工作表数据图表化等功能。本章先通过 4 个任务，对 Excel 的主要功能分别进行基本训练；再通过本章的【Excel 综合应用示例】及【Excel 综合测试】，对 Excel 的主要功能进行综合训练及测试，以达到熟练掌握、灵活使用 Excel 主要功能的目的。

【任务 3.1】制作工作表

Excel 具有强大的制表功能，尤其适合制作含有较多数据及需要数据处理的表格。本任务包含 4 个实训项目：快速填充工作表数据，管理工作表，自行设置工作表格式，使用样式设置工作表格式。

【训练目的】
① 掌握 Excel 数据快速填充方法。
② 掌握 Excel 工作表复制及重命名等操作方法。
③ 掌握自行设置 Excel 工作表格式的方法。
④ 掌握使用系统提供的样式设置工作表格式的方法。

实训 3.1.1　快速填充工作表数据

【实训描述】
本实训重点练习使用 Excel 快速填充数据的方法，快速填充工作表批量数据。

【实训要求】
新建 Excel 工作簿，按以下要求在 Sheet1 工作表中建立如图 3-1 所示的存款记录表。
① 输入标题。在 A1 单元格输入标题"存款记录表"，在 A2 ～ F2 单元格分别输入各列标题。
② 快速填充"序号"列数据。

③ 快速填充"存入日"列数据。

④ 快速填充"期限"列数据。

⑤ 快速填充"年利率"列数据。

⑥ 快速填充"金额"列数据。

⑦ 快速填充"银行"列数据。

⑧ 保存工作簿至自己的文件夹中。

微课 3-1
快速填充工
作表数据

	A	B	C	D	E	F	G
1	存款记录表						
2	序号	存入日	期限	年利率	金额	银行	
3	1	2020/10/5	3	2.75	1000	工商银行	
4	2	2020/10/12	3	2.75	1000	工商银行	
5	3	2020/10/19	3	2.75	1000	建设银行	
6	4	2020/10/26	3	2.75	1000	农业银行	
7	5	2020/11/2	3	2.75	1000	农业银行	
8	6	2020/11/9	2	2.25	1100	农业银行	
9	7	2020/11/16	2	2.25	1200	中国银行	
10	8	2020/11/23	2	2.25	1300	中国银行	
11	9	2020/11/30	2	2.25	1400	建设银行	
12	10	2020/12/7	2	2.25	1500	工商银行	
13	11	2020/12/14	1	1.75	1600	工商银行	
14	12	2020/12/21	1	1.75	1700	建设银行	
15	13	2020/12/28	1	1.75	2000	农业银行	
16	14	2021/1/4	1	1.75	2000	农业银行	
17	15	2021/1/11	1	1.75	2000	农业银行	
18	16	2021/1/18	3	2.75	2000	中国银行	
19	17	2021/1/25	3	2.75	2000	中国银行	
20	18	2021/2/1	3	2.75	2000	建设银行	
21	19	2021/2/8	3	2.75	2000	工商银行	
22	20	2021/2/15	3	2.75	2000	工商银行	
23							

Sheet1

图 3-1   存款记录表

【操作要点及提示】

Excel 工作表中常含有大量数据,其中有些数据属于"基本数据",这些数据必须使用键盘逐一输入;还有些数据是有规律的,这些数据可采用 Excel 提供的快速填充数据的方法进行快速批量填充,具体讲解详见主教材《计算机应用基础(第 4 版)》。

因此,为提高输入效率,在输入 Excel 工作表数据之前,一定要预先对表中数据进行分析,明确哪些数据必须使用键盘逐一输入,哪些数据可采用 Excel 提供的快速填充数据的方法进行快速批量填充。例如,以本实训为例,对工作表中数据进行分析后可知,除如图 3-2 所示单元格中数据须使用键盘逐一输入外,其他数据可采用以下 4 种快速填充数据的方法进行快速填充。

1. 使用"填充柄"快速填充不变的数字序列

例如,以本实训【实训要求】④和⑤为例,要填充的"期限"列和"年利率"列的数据规律为在某区域内是固定不变的数字序列。如图 3-2 所示中 C 列和 D 列注释,先输入某个初值,鼠标指向初值所在单元格的"填充柄",当鼠标指针变为"+"时,向下拖动鼠标即可。

说明:对于不变的文字序列也可采用同样方法进行填充。

2. 使用"填充柄"快速填充递增数字序列

例如，以本实训【实训要求】②为例，要填充的"序号"列的数据规律是从 1 递增至 20。如图 3-2 所示中 A 列注释，先输入序列初值数字（本例为数字 1），鼠标指向初值所在单元格的"填充柄"，当鼠标指针变为"+"时，按住 Ctrl 键向下拖动鼠标，一直拖动到递增至 20。

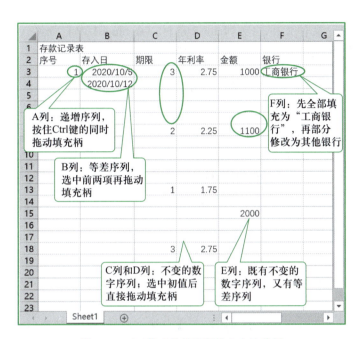

图 3-2　对工作表数据进行输入方法分析

3. 使用"填充柄"快速填充等差序列

例如，以本实训【实训要求】③为例，要填充的"存入日"列的数据规律是差值为 1 个星期的等差序列。如图 3-2 所示中 B 列注释，首先输入序列的前两项（反映数据的等差关系），选中这两项（本例为 2020/10/5 和 2020/10/12），拖动填充柄，则按照前两项的差值快速填充等差序列。

又如，以本实训【实训要求】⑥为例，要填充的"金额"列的数据规律是既包含不变的数字序列，又包含等差序列。因此要联合采用以上 C 和 D 列注释及 B 列注释的方法填充数据。

说明：本实训【实训要求】②要填充的"序号"列的数据规律是从 1 递增至 20。除了通过使用"填充柄"快速填充递增数字序列的方法填充外，也可先输入序列的前两项 1 和 2，再按差值为 1 的等差序列快速填充。

4. 使用复制和粘贴快速填充重复性文字

例如，以本实训【实训要求】⑦为例，要填充的"银行"列的数据规律是均为"某某银行"，但相邻单元格既有相同的银行又有不同的银行。因此，可联合使用拖动填充柄及复制和粘贴的方法快速填充数据，如图 3-2 所示中 F 列注释，先输入初值"工商银行"，拖动填充柄将本列数据全部填充为"工商银行"，再部分修改为其他银行。在修改过程中，若相邻单元格数据相同，可拖动填充柄进行复制；若相邻单元格数据不同，则通过复制和粘贴操作完成。

实训 3.1.2　管理工作表

【实训描述】

打开"任务 3.1"文件夹中的实训 3.1.2 素材，在 Sheet1 中有如图 3–1 所示"存款记录表"。在此基础上进行工作表的插入、复制、删除和重命名等操作。

【实训要求】

微课 3–2
管理工作表

① 在当前工作簿中增加 4 张工作表 Sheet2、Sheet3、Sheet4 和 Sheet5。

② 复制 Sheet1 工作表中的数据至 Sheet2 和 Sheet3 中。

③ 重命名 Sheet1 为"存款记录"，重命名 Sheet2 为"格式设置 1"，重命名 Sheet3 为"格式设置 2"。

④ 删除 Sheet4 和 Sheet5 工作表。

⑤ 保存工作簿至自己的文件夹中。

【操作要点及提示】

1. 复制工作表

复制工作表在实际工作中常用于备份目的。复制工作表既可在同一工作簿中进行，也可在不同工作簿中进行，具体操作详见主教材《计算机应用基础（第 4 版）》。

2. 保存工作簿

保存工作簿应随着更新操作及时进行，不应只在完成整个操作的最后才进行。正确方法是在建立工作簿之初首先保存一次，在后续的输入数据及设置格式等操作过程中，要随着操作更新及时保存新的操作结果，避免丢失操作结果。

实训 3.1.3　自行设置工作表格式

【实训描述】

打开"任务 3.1"文件夹中的实训 3.1.3 素材，在"格式设置 1"工作表中按下面的要求设置工作表格式。设置格式后的"存款记录表"如图 3–3 所示。

【实训要求】

① 设置标题文字"存款记录表"为宋体、14 磅、加粗，合并后居中 A1 ~ F1 单元格。

② 设置列标题 A2 ~ F2 单元格文字为宋体、12 磅，水平、垂直都居中。

③ 设置"存入日"列日期格式为"yyyy/mm/dd"。

④ 设置"金额"列数据为千位分隔样式。

⑤ 设置 A3 ~ F22 单元格区域数据水平居中。

⑥ 设置边框。为 A2 ~ F22 单元格区域添加红色、细实线边框。

⑦ 保存工作簿至自己的文件夹中。

【操作要点及提示】

1. 先输入数据，后整体设置格式

为提高输入及格式设置效率，建立工作表时，一定要先输入数据，后整体设置格式，即应首先输入不带格式数据，完成数据输入后，再对同类型数据统一整体设置格式。

	A	B	C	D	E	F	G
1			存款记录表				
2	序号	存入日	期限	年利率	金额	银行	
3	1	2020/10/05	3	2.75	1,000.00	工商银行	
4	2	2020/10/12	3	2.75	1,000.00	工商银行	
5	3	2020/10/19	3	2.75	1,000.00	建设银行	
6	4	2020/10/26	3	2.75	1,000.00	农业银行	
7	5	2020/11/02	3	2.75	1,000.00	农业银行	
8	6	2020/11/09	2	2.25	1,100.00	农业银行	
9	7	2020/11/16	2	2.25	1,200.00	中国银行	
10	8	2020/11/23	2	2.25	1,300.00	中国银行	
11	9	2020/11/30	2	2.25	1,400.00	建设银行	
12	10	2020/12/07	2	2.25	1,500.00	工商银行	
13	11	2020/12/14	1	1.75	1,600.00	工商银行	
14	12	2020/12/21	1	1.75	1,700.00	建设银行	
15	13	2020/12/28	1	1.75	2,000.00	农业银行	
16	14	2021/01/04	1	1.75	2,000.00	农业银行	
17	15	2021/01/11	1	1.75	2,000.00	农业银行	
18	16	2021/01/18	3	2.75	2,000.00	中国银行	
19	17	2021/01/25	3	2.75	2,000.00	中国银行	
20	18	2021/02/01	3	2.75	2,000.00	建设银行	
21	19	2021/02/08	3	2.75	2,000.00	工商银行	
22	20	2021/02/15	3	2.75	2,000.00	工商银行	

存款记录　格式设置1　格式设 …

图 3-3　设置格式后的"存款记录表"

微课 3-3
自行设置工
作表格式

2. 先选区域，后设置格式

设置工作表格式的前提是先选中要设置格式的单元格区域，再进行格式设置。

3. 设置单元格格式的方法

① 最方便的方法：通过"开始"选项卡中的命令按钮设置格式。如图 3-4 所示，切换至"开始"选项卡，单击"字体"选项组中的相应按钮，可设置字体、字号、边框和字体颜色等；单击"对齐方式"选项组中的相应按钮，可设置对齐方式等；单击"数字"选项组中的相应按钮，可设置数字格式。

图 3-4　设置单元格格式的方法

② 最全面的方法：在"设置单元格格式"对话框中设置格式。如图 3-4 所示，切换至"开始"选项卡，单击"字体"选项组（或"对齐方式"选项组，或"数字"选项组）中的对话框启动器按钮，均可打开"设置单元格格式"对话框，在该对话框中可以全面设置格式。

【**例 3-1-1**】以本实训【实训要求】①为例，可使用命令按钮设置格式。

设置步骤为选中 A1 单元格，切换至"开始"选项卡，如图 3-4 所示，通过"字体"选项组中的"字体""字号"和"加粗"按钮，可将 A1 单元格格式依次设置为宋体、14 磅、加粗。选中 A1 ~ F1 单元格，单击"开始"选项卡"对齐方式"选项组中的"合并后居中"按钮，则将 A1 ~ F1 单元格合并，并将原 A1 单元格中的内容显示在合并后区域的中间。

【**例 3-1-2**】以本实训【实训要求】③为例，应在"设置单元格格式"对话框中设置格式。

设置步骤为选中"存入日"列数据所在单元格 B3 ~ B22，单击"开始"选项卡"数字"选项组中的对话框启动器按钮，则打开"设置单元格格式"对话框并选中"数字"选项卡，如图 3-5 所示，在"分类"列表框中选择"自定义"项，将"类型"设置为"yyyy/mm/dd"格式。

图 3-5 设置"存入日"数据格式

【**例 3-1-3**】以本实训【实训要求】④为例，可使用命令按钮设置格式。

设置步骤为选中"金额"列数据所在单元格 E3 ~ E22，单击"开始"选项卡"数字"选项组中的"千位分隔样式"按钮。

【**例 3-1-4**】以本实训【实训要求】⑥为例，可在"设置单元格格式"对话框中设置格式。

设置步骤为选中 A2 ~ F22 单元格，选择"开始"选项卡，单击"字体"选项组中的对话框启动器按钮，在打开的"设置单元格格式"对话框中选择"边框"选项卡，如图 3-6 所示，选择"线条"的"样式"为细线，"颜色"为红色，选择"预置"为"外边框"和"内部"。

图 3-6　设置边框

实训 3.1.4　使用样式设置工作表格式

【实训描述】

打开"任务 3.1"文件夹中的实训 3.1.4 素材，在"格式设置 2"工作表中使用系统提供的样式设置工作表格式。应用样式后的"存款记录表"如图 3-7 所示。

序号	存入日	期限	年利率	金额	银行
				存款记录表	
1	2020/10/05	3	2.75	1000	工商银行
2	2020/10/12	3	2.75	1000	工商银行
3	2020/10/19	3	2.75	1000	建设银行
4	2020/10/26	3	2.75	1000	农业银行
5	2020/11/02	3	2.75	1000	农业银行
6	2020/11/09	2	2.25	1100	农业银行
7	2020/11/16	2	2.25	1200	中国银行
8	2020/11/23	2	2.25	1300	中国银行
9	2020/11/30	2	2.25	1400	建设银行
10	2020/12/07	2	2.25	1500	工商银行
11	2020/12/14	1	1.75	1600	工商银行
12	2020/12/21	1	1.75	1700	建设银行
13	2020/12/28	1	1.75	2000	农业银行
14	2021/01/04	1	1.75	2000	农业银行
15	2021/01/11	1	1.75	2000	农业银行
16	2021/01/18	3	2.75	2000	中国银行
17	2021/01/25	3	2.75	2000	中国银行
18	2021/02/01	3	2.75	2000	建设银行
19	2021/02/08	3	2.75	2000	工商银行
20	2021/02/15	3	2.75	2000	工商银行

图 3-7　应用样式后的"存款记录表"

【实训要求】

① 为标题文字"存款记录表"应用"单元格样式"中"标题"选项组中的第 1 个标题样式。

微课 3-4
使用样式设
置工作表
格式

② 将 A2 ~ F22 单元格区域设置为"套用表格格式"中"表样式中等深浅 2"。

③ 使用"条件格式"→"突出显示单元格规则"将 C3 ~ C22 单元格区域中期限为"3"的单元格字体设置为红色、加粗、倾斜。

④ 使用"条件格式"→"数据条"→"渐变填充"→"橙色数据条"修饰 E3 ~ E22 单元格区域。

⑤ 保存工作簿至自己的文件夹中。

【操作要点及提示】

除了如上述实训 3.1.3 自行设置工作表格式外,也可以使用系统提供的样式设置工作表格式。系统提供的样式集中放在"开始"选项卡"样式"选项组中,包括"条件格式""套用表格格式"和"单元格样式"3 项,如图 3-4 所示。

使用系统提供的样式设置工作表格式前仍需要先选中要设置格式的区域。

【任务 3.2】计算工作表中的数据

Excel 提供了强大的计算功能,可以满足多种计算需求。本任务包含 2 个实训项目:使用"Σ自动求和▼"按钮进行 5 种计算,使用公式与函数计算。

【训练目的】

① 熟练使用"Σ自动求和▼"按钮对同行或同列数据进行求和、平均值、最大值、最小值和计数 5 种计算。

② 熟练使用公式与函数计算。

实训 3.2.1　使用"Σ自动求和▼"按钮进行 5 种计算

【实训描述】

本实训练习使用"Σ自动求和▼"按钮,对同行或同列数据进行求和、平均值、最大值、最小值和计数 5 种计算。

【实训要求】

打开"任务 3.2"文件夹中的实训 3.2.1 素材,在 Sheet1 中有如图 3-8 所示的原始学生成绩表,使用"Σ自动求和▼"按钮计算并填充以下数据。

① 每名学生的"总分"。

② 每名学生的"平均分",保留 1 位小数。

③ 每科"最高分"。

④ 每科"最低分"。

⑤ 计算参加各科考试的"学生人数"。

	A	B	C	D	E	F	G	H	I
1				学生成绩表					
2	学号	姓名	数学	英语	化学	物理	总分	平均分	
3	001	唐晓丽	79	88	78	64			
4	002	武少红	83	68	76	73			
5	003	付丽娟	91	91	94	82			
6	004	潘爱家	64	76	82	91			
7	005	马会如	85	58	69	67			
8	006	高翔宇	97	79	71	68			
9	007	田苗苗	81	71	72	92			
10	008	周光荣	91	82	93	76			
11	009	张雅雪	89	69	81	83			
12	010	刘红丽	87	83	76	90			
13	011	张静茹	82	76	81	86			
14	012	史可凡	76	81	91	76			
15	013	鲍芳芳	94	90	79	70			
16	014	李思量	76	76	83	61			
17	015	何冬冬	69	71	78	94			
18	最高分								
19	最低分								
20	学生人数								
21									

Sheet1

图 3-8　原始学生成绩表

【操作要点及提示】

1. 使用"∑自动求和▼"按钮快捷计算前，须先选中待计算区域

【例 3-2-1】以本实训【实训要求】①为例，如图 3-9 所示，先选中待计算区域 C3 ～ F3 单元格，再切换至"开始"选项卡，单击"编辑"选项组中的"∑自动求和"按钮，则"求和"结果沿数据选中方向（横向—行）自动填充到右侧相邻的空白的单元格 G3 中。向下拖动 G3 单元格的填充柄至 G17 单元格，则可计算并填充其他学生的"总分"。

微课 3-5
使用自动求
和按钮计算

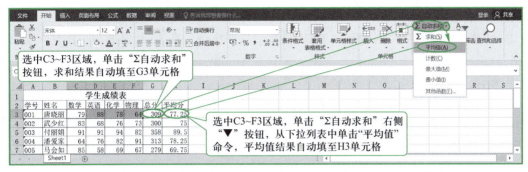

图 3-9　使用"∑自动求和▼"按钮"求和"及"平均值"

【例 3-2-2】以本实训【实训要求】②为例，如图 3-9 所示，先选中待计算区域 C3 ～ F3 单元格，再切换至"开始"选项卡，单击"编辑"选项组中"∑自动求和"右侧的"▼"按钮，在下拉列表中选择"平均值"命令，则计算后的"平均值"沿数据选中方向（横向—行）越过已填充求和结果的 G3 单元格，自动填充到右侧相邻的空白单元格 H3 中。向下拖动 H3 单元格的填充柄至 H17 单元格，则可计算并填充其他学生的"平均分"。

【例 3-2-3】以本实训【实训要求】③为例，先选中待计算区域 C3 ～ C17 单元格，再切换至"开始"选项卡，单击"编辑"选项组中"∑自动求和"右侧的"▼"按钮，在下拉列表中选择"最大值"项，则"数学"列最高分结果沿数据选中方向（纵向—列）自动填充到下面相邻空白单元格 C18 中。向右拖动 C18 单元格的填充柄至 F18 单元格，则可计算并填充其他科的"最高分"。

同理，以上述方式，可计算并填充对应每科的"最低分"及对应参加各科考试的"学生人数"。

2. 使用"∑自动求和▼"按钮，只能对同行或同列数据进行快捷计算

使用"∑自动求和▼"按钮计算虽简单易行，但只能对同行或同列数据进行求和、平均值、最大值、最小值和计数 5 种快捷计算。若待计算数据分布在多行或多列，则不能用此方法，而要使用公式与函数进行计算。

完成本实训各项要求后的学生成绩表如图 3-10 所示。

学号	姓名	数学	英语	化学	物理	总分	平均分
			学生成绩表				
001	唐晓丽	79	88	78	64	309	77.3
002	武少红	83	68	76	73	300	75.0
003	付丽娟	91	91	94	82	358	89.5
004	潘爱家	64	76	82	91	313	78.3
005	马会如	85	58	69	67	279	69.8
006	高翔宇	97	79	71	68	315	78.8
007	田苗苗	68	71	72	92	303	75.8
008	周光荣	91	82	93	76	342	85.5
009	张雅雪	89	69	81	83	322	80.5
010	刘红丽	87	83	76	90	336	84.0
011	张静茹	82	76	81	86	325	81.3
012	史可凡	76	81	91	76	324	81.0
013	鲍芳芳	94	90	79	70	333	83.3
014	李思量	76	76	83	61	296	74.0
015	何冬冬	69	71	78	94	312	78.0
最高分		97	91	94	94		
最低分		64	58	69	61		
学生人数		15	15	15	15		

图 3-10　完成本实训要求后的学生成绩表

实训 3.2.2   使用公式与函数计算

【实训描述】

本实训练习设计公式及在公式中使用函数计算。

【实训要求】

打开"任务 3.2"文件夹中的实训 3.2.2 素材，在 Sheet1 中可以看到如图 3-11 所示的原始数学成绩表，计算并填充以下数据。

① 计算每名学生的"总评成绩"，保留 1 位小数。已知平时成绩占总评成绩的 30%，期末成绩占总评成绩的 70%。

② 根据"总评成绩"列填充"等级"列，"总评成绩"在 80 及以上为"良好"，其余为"合格"。

③ 根据"总评成绩"列降序填充"名次"列。

④ 根据"总评成绩"列，分别按"总评成绩"≥90、80 ～ 89、70 ～ 79、60 ～ 69、<60 的分数段，计算各分数段的人数（无小数位）及其所占比例（百分比，2 位小数），计算结果分别放在工作表第 20 行和第 21 行如图 3-11 所示的位置。

微课 3-6
设计公式计
算总评成绩

	A	B	C	D	E	F	G
1	数学成绩表						
2	学号	姓名	平时成绩	期末成绩	总评成绩	等级	名次
3	001	唐晓丽	79	88			
4	002	武少红	83	68			
5	003	付丽娟	91	91			
6	004	潘爱家	64	76			
7	005	马会如	85	58			
8	006	高翔宇	97	79			
9	007	田苗苗	68	71			
10	008	周光荣	91	82			
11	009	张雅雪	89	69			
12	010	刘红丽	87	83			
13	011	张静茹	82	76			
14	012	史可凡	73	81			
15	013	鲍芳芳	94	90			
16	014	李思量	76	76			
17	015	何冬冬	69	71			
18							
19			>=90	80～89	70～79	60～69	<60
20	各分数段人数						
21	所占比例						

Sheet1

图 3-11   原始数学成绩表

【操作要点及提示】

1. Excel 公式的设计

Excel 中在要填充计算结果的单元格中设计公式，且公式以"="开头，后面可以跟常量、单元格引用、运算符和函数等。

以本实训【实训要求】①为例，由于"总评成绩"并非"平时成绩"与"期末成绩"直接相加，而是占一定百分比，因此不能使用"∑自动求和▼"按钮或调用 SUM 函数求和，而需要用户自行设计公式进行计算。如图 3-12 所示，在 E3 单元格中设计"总评成绩"的计算公式。

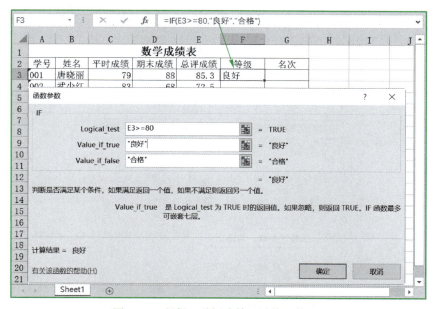

图 3-12　设计公式计算"总评成绩"

2. IF 函数

IF 函数适用于根据给定的条件进行判断，并根据判断后的不同情况（TRUE 或 FALSE），返回不同的值。

函数格式：IF(Logical_test,Value_if_true,Value_if_false)

参数 Logical_test 是一个逻辑判断条件，若判断结果为 TRUE，则返回第 2 个参数 Value_if_true；若判断结果为 FALSE，则返回第 3 个参数 Value_if_false。

一个 IF 函数只能解决 1 个判断条件，2 种可能结果的问题。

以本实训【实训要求】②为例，要求根据"总评成绩"填充"等级"，"总评成绩"在 80 及以上为"良好"，否则为"合格"。该例使用 1 个 IF 函数即可，如图 3-13 所示，在 F3 单元格设计"等级"计算公式。

微课 3-7
使用 IF 函数
计算等级

图 3-13　根据"总评成绩"计算"等级"

【扩展】根据"总评成绩"填充"等级"时，若改为"总评成绩"在 90 及以上为"优秀"，80 ～ 89 为"良好"，其余为"合格"。这属于有 2 个判断条件，3 种可能结果的问题，需要使用两个 IF 函数，即在外层 IF 函数中内嵌 1 层 IF 函数，内嵌的 IF 函数应作为其外层 IF 函数的第 3 个参数。在 F3 单元格设计"等级"计算公式为"=IF(E3>=90," 优秀 ",IF(E3>=80," 良好 "," 合格 "))"。

【扩展】根据"总评成绩"填充"等级"时，若改为"总评成绩"在 90 及以上为"优秀"，80 ～ 89 为"良好"，70 ～ 79 为"中等"，60 ～ 69 为"合格"，其余为"不合格"。这属于有 4 个判断条件，5 种可能结果的问题，需要使用 4 个 IF 函数，即在外层 IF 函数中内嵌 3 层 IF 函数，在 F3 单元格设计"等级"计算公式为："=IF(E3>=90," 优秀 ",IF(E3>=80," 良好 ",IF(E3>=70," 中等 ",IF(E3>=60," 合格 "," 不合格 "))))"。总之，有 N 个判断条件，N+1 种可能结果时，需使用 N 个 IF 函数。

> 📖 提示：
>
> 函数参数中的"文本型"数据（汉字、英文、文本型数字和空格）要放在英文双引号中。

3. RANK.EQ 函数

RANK.EQ 函数用于返回某数字在一列数字中相对于其他数值的大小排名。

函数格式：RANK.EQ(Number,Ref,Order)

参数 Number 为排名的数字，参数 Ref 为排名的范围，参数 Order 为用数字指明的排名方式。如果 Order 为 0（零）或省略，则按照降序排列；如果 Order 不为零，则按照升序排列。

以本实训【实训要求】③为例，要求根据"总评成绩"列降序填充"名次"列。应使用 RANK.EQ 函数，如图 3-14 所示，在 G3 单元格设计"名次"的计算公式。

微课 3-8
使用 RANK.
EQ 函数计
算名次

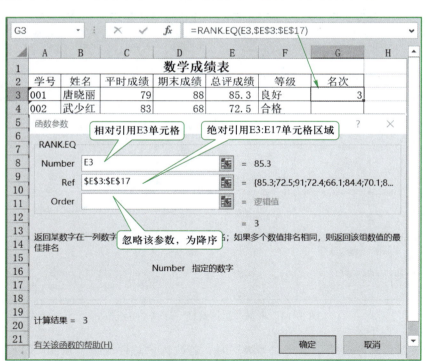

图 3-14　根据"总评成绩"计算"名次"

> **提示 :**
>
> ① 当对某列数字逐个排名时，RANK.EQ 函数的第 1 个参数为"单元格相对引用"，表明参与排名的单元格不断变化；第 2 个参数为"单元格绝对引用"，表明排名的范围固定不变。
>
> ② 为了与早期版本兼容，Excel 2016 也允许使用 RANK 函数进行排名。

4. COUNTIF 函数和 COUNTA 函数

（1）COUNTIF 函数用于计算某区域中符合条件的单元格数目

函数格式 : COUNTIF(Range,Criteria)

参数 Range 描述统计范围，参数 Criteria 描述统计条件。

以本实训【实训要求】④中计算各分数段人数为例，需要使用 COUNTIF 函数。如图 3-15 所示，首先在 C20 单元格设计公式求"总评成绩">=90 分数段的人数。

微课 3-9
统计各分数段人数及所占比例

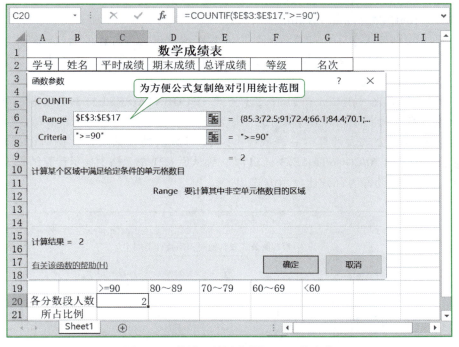

图 3-15 统计"总评成绩">=90 的人数

然后，求其他分数段的人数。向右拖动 C20 单元格填充柄至 G20，由于公式中第 1 个参数为统计范围的绝对引用，第 2 个参数带引号，所以拖动填充柄快速填充时两个参数均保持不变，在 D20:G20 单元格均填充为计算"总评成绩">=90 分数段的人数。在此基础上，在编辑栏修正 D20 单元格公式为求"总评成绩"为 80 ～ 89 分数段的人数，修正 E20 单元格公式为求"总评成绩"为 70 ～ 79 分数段的人数，修正 G20 公式为求"总评成绩"<60 分数段的人数，修正 F20 公式为求"总评成绩"为 60 ～ 69 分数段的人数。具体公式及计算顺序见表 3-1。

表 3-1　按"总评成绩"计算各分数段人数的公式及计算顺序

计算顺序	分数段	单元格	公　式	计算结果
1	>=90	C20	=COUNTIF($E$3:$E$17,">=90")	2
2	80 ~ 89	D20	=COUNTIF($E$3:$E$17,">=80")-C20	4
3	70 ~ 79	E20	=COUNTIF($E$3:$E$17,">=70")-C20-D20	8
4	<60	G20	=COUNTIF($E$3:$E$17,"<60")	0
5	60 ~ 69	F20	=COUNTIF($E$3:$E$17,"<70")-G20	1

📖 说明：

　　本例也可不采用拖动填充柄复制公式的方法，而在 C20:G20 的每个单元格分别调用 COUNTIF 函数，此时可相对引用统计范围 E3:E17。

（2）COUNTA 函数用于统计参数列表中非空单元格的个数

函数格式：COUNTA(Value1,Value2,…)

以本实训【实训要求】④中计算各分数段人数所占比例为例。在前面已计算出各分数段人数的基础上计算各分数段人数所占比例，需要先调用 COUNTA 函数计算出总人数，二者相除即可。如图 3-16 所示，说明如下：

首先计算学生总数。在 C21 单元格设计公式"=COUNTA($E$3:$E$17)"即根据"总评成绩"计算学生总数，得到中间计算结果 15。

再在编辑栏修正公式为计算"总评成绩">=90 分数段的人数所占比例。在编辑栏将 C21 单元格公式修正为"=C20/COUNTA($E$3:$E$17)"，确认后 C21 单元格中显示计算结果为 0.133333，接下来将 C21 单元格设置为百分比显示方式。

图 3-16　统计"总评成绩">=90 的人数所占比例

在此基础上，拖动 C21 单元格填充柄至 G21，可求出其他分数段人数所占比例。

完成本实训各项要求后的数学成绩表如图 3-17 所示。

	A	B	C	D	E	F	G
1	数学成绩表						
2	学号	姓名	平时成绩	期末成绩	总评成绩	等级	名次
3	001	唐晓丽	79	88	85.3	良好	3
4	002	武少红	83	68	72.5	合格	11
5	003	付丽娟	91	91	91.0	良好	2
6	004	潘爱家	64	76	72.4	合格	12
7	005	马会如	85	58	66.1	合格	15
8	006	高翔宇	97	79	84.4	良好	5
9	007	田苗苗	68	71	70.1	合格	14
10	008	周光荣	91	82	84.7	良好	4
11	009	张雅雪	89	69	75.0	合格	10
12	010	刘红丽	87	83	84.2	良好	6
13	011	张静茹	82	76	77.8	合格	8
14	012	史可凡	73	81	78.6	合格	7
15	013	鲍芳芳	94	90	91.2	良好	1
16	014	李思量	76	76	76.0	合格	9
17	015	何冬冬	69	71	70.4	合格	13
18							
19			>=90	80～89	70～79	60～69	<60
20	各分数段人数		2	4	8	1	0
21	所占比例		13.33%	26.67%	53.33%	6.67%	0.00%

Sheet1

图 3-17　完成本实训要求后的数学成绩表

【任务 3.3】管理与分析工作表数据

Excel 不仅可以方便地制表和计算数据，还具有强大的数据管理与分析功能。本任务包含 4 个实训项目：排序数据，分类汇总数据，筛选数据，建立数据透视表。

提示：

Excel 对数据排序、分类汇总、筛选及创建数据透视表等数据管理与分析操作，应针对数据清单进行。

【训练目的】

① 理解数据清单的要求。

② 掌握数据排序的方法。

③ 掌握数据分类汇总的方法。

④ 掌握数据筛选的方法（包括自动筛选、高级筛选）。

⑤ 掌握建立数据透视表的方法。

实训 3.3.1　排序数据

【实训描述】

进行排序操作练习。

【实训要求】

打开“任务 3.3”文件夹中的实训 3.3.1 素材，在 Sheet1 中有如图 3-18 所示“学生基本情况表”数据清单。在 Sheet1 工作表中按以下要求进行排序。

① 根据“数学”成绩降序排序。

② 根据 "英语" 成绩升序排序。

③ 根据 "性别" 的 "降序" "系别" 的 "升序" 及 "总分" 的 "降序" 进行排序。

④ 根据 "姓名" 姓氏笔划升序排序。

⑤ 根据 "序号" 升序排序，使数据清单恢复初始排列顺序。

微课 3-10
排序数据

	A	B	C	D	E	F	G	H	I	J	K	L
1 2					学生基本情况表							
3	序号	姓名	性别	系别	出生地	年龄	数学	英语	化学	物理	总分	平均分
4	1	李兰	女	环化系	石家庄	18	79	79	98	87	343	85.75
5	2	张红	男	机电系	承德	19	83	87	87	79	336	84.00
6	3	孙云	男	法经系	保定	20	91	89	78	94	352	88.00
7	4	张亮	男	材料系	邯郸	21	82	68	79	75	304	76.00
8	5	王刚	男	自动化系	张家口	18	73	94	96	86	349	87.25
9	6	刘朋	男	机电系	承德	19	61	58	69	61	249	62.25
10	7	崔洁	女	材料系	承德	20	58	95	68	82	303	75.75
11	8	赵明	男	环化系	张家口	21	76	63	86	77	302	75.50
12	9	郭燕	女	自动化系	石家庄	18	48	61	67	57	233	58.25
13	10	韩朋	男	自动化系	保定	19	75	82	75	88	320	80.00
14	11	李丹	女	环化系	保定	20	82	76	74	94	326	81.50
15	12	丁然	女	机电系	邯郸	21	93	85	81	75	334	83.50
16	13	马丽	女	法经系	承德	18	95	77	72	67	311	77.75
17	14	周华	男	材料系	保定	19	72	88	93	82	335	83.75
18	15	宋歌	女	环化系	邯郸	20	61	98	54	71	280	70.00
19												

图 3-18　学生基本情况表数据清单

【操作要点及提示】

1. 根据一个关键字的值排序的两种方法

① 快速排序。排序前单击排序字段任意单元格，切换至 "数据" 选项卡，单击 "排序和筛选" 选项组中的 "升序" 或 "降序" 按钮，则立即按该字段的值完成排序。例如，如图 3-19 所示，根据 "数学" 成绩降序快速排序。

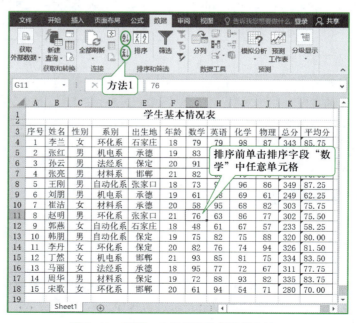

图 3-19　根据一个关键字的值排序方法 1

② 使用 "排序" 对话框排序。操作如图 3-20 所示，排序前单击数据清单中任意单元格，切换至 "数据" 选项卡，单击 "排序和筛选" 选项组中的 "排序" 按钮，在打开的 "排序" 对话框中按要求设置排序条件。

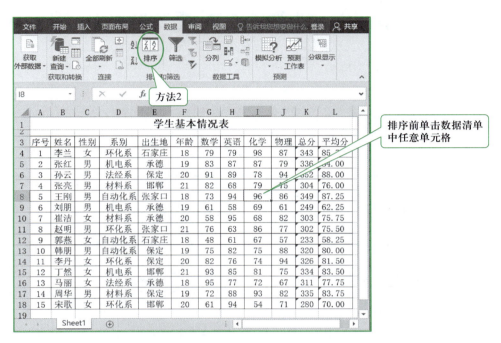

图 3-20　根据一个关键字的值排序方法 2

以上两种排序方法，均可完成本实训【实训要求】①和②。

📖 说明：

第 1 种方法虽简单易行，但只能根据一个关键字的值且按默认顺序（数值型数据按数值大小，文本型数据按字母先后）排序。第 2 种方法可按照多种条件排序。

2. 根据其他条件排序的方法

除了根据一个关键字的值排序可以使用 "升序" 或 "降序" 按钮快速排序外，其他情况都需要使用 "排序" 对话框进行排序。

在 "排序" 对话框中进行设置时，不仅可以添加多个排序关键字，还可以选择排序依据和排序次序及设置排序选项等。

【例 3-3-1】以本实训【实训要求】③为例，本例属于多关键字排序，应通过 "排序" 对话框进行设置，如图 3-21 所示。

【例 3-3-2】以本实训【实训要求】④为例，虽然仅要求根据 "姓名" 一个关键字进行升序排序，但若通过 "升序" 按钮排序，默认排序顺序是按汉语拼音字母升序，而不是所要求的按 "姓名" 的姓氏笔划升序排序。因此，应使用 "排序" 对话框完成排序。如图 3-22 所示，在 "排序" 对话框中单击 "选项" 按钮，在打开的 "排序选项" 对话框中，在 "方法" 区选中 "笔划排序" 单选按钮。

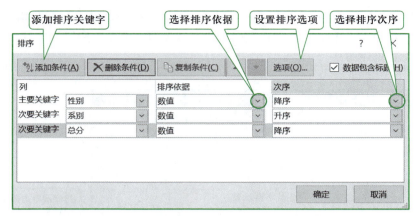

图 3-21　在"排序"对话框设置多个关键字

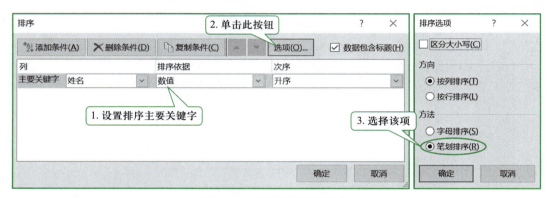

图 3-22　根据姓氏笔划排序

实训 3.3.2　分类汇总数据

【实训描述】

练习对数据进行分类汇总。

【实训要求】

打开"任务 3.3"文件夹中的实训 3.3.2 素材，在 Sheet1 中有如图 3-18 所示"学生基本情况表"数据清单。在 Sheet1 工作表中按以下要求进行分类汇总。

微课 3-11

分类汇总
数据

① 求各地学生"总分"的平均值。

② 求各年龄学生"总分"的平均值。

③ 求各系学生"总分"的平均值。

④ 求各地学生每门课程的平均分。

⑤ 求各系学生每门课程的最高分。

【操作要点及提示】

1. 在分类汇总之前，一定要先根据分类字段排序

【例 3-3-3】以本实训【实训要求】①为例，求各地学生"总分"的平均值，即根据"出生地"分类汇总"总分"的平均值，本例的"分类字段"是"出生地"。因此，分类汇总前，如图 3-23 注释 1 所示，一定首先要根据分类字段"出生地"字段进行排序，然后如图 3-23 注释 2 所示，在"分类汇总"对话框中设置"分类字段"为"出生地"，"汇总方式"为"平均值"，"选定汇总项"为"总分"。分类汇总后的正确结果如图 3-23 注释 3 所示。

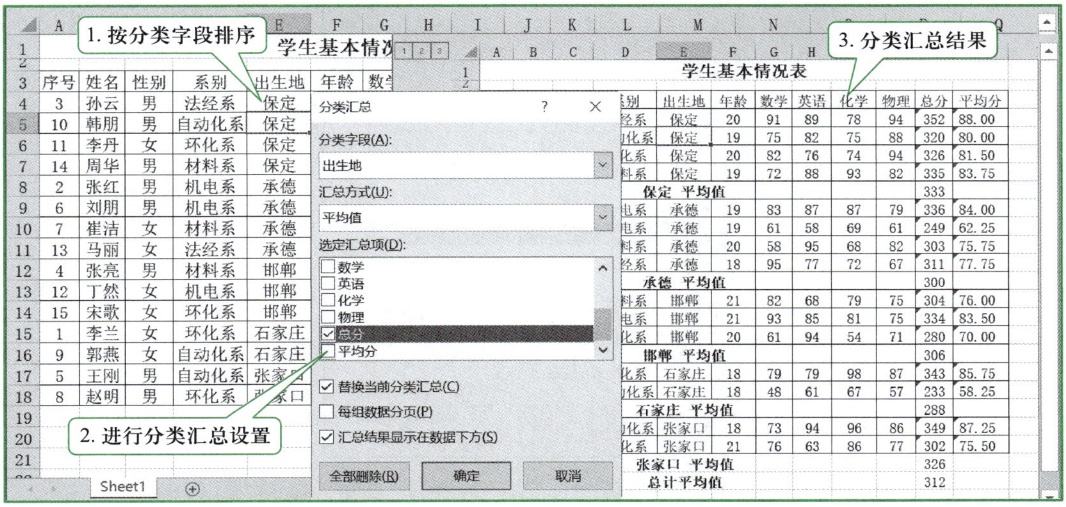

图 3-23　先排序再分类汇总所得到的正确结果

如果没有先按"出生地"字段进行排序而直接分类汇总，由于分类汇总是根据数据清单当前序列，从第 1 条记录开始至最后 1 条记录进行一次性扫描，扫描到"出生地"不同的记录就进行汇总，而"出生地"相同的记录在当前数据清单中并未集中在一起，因此得不到预期结果，如图 3-24 所示。

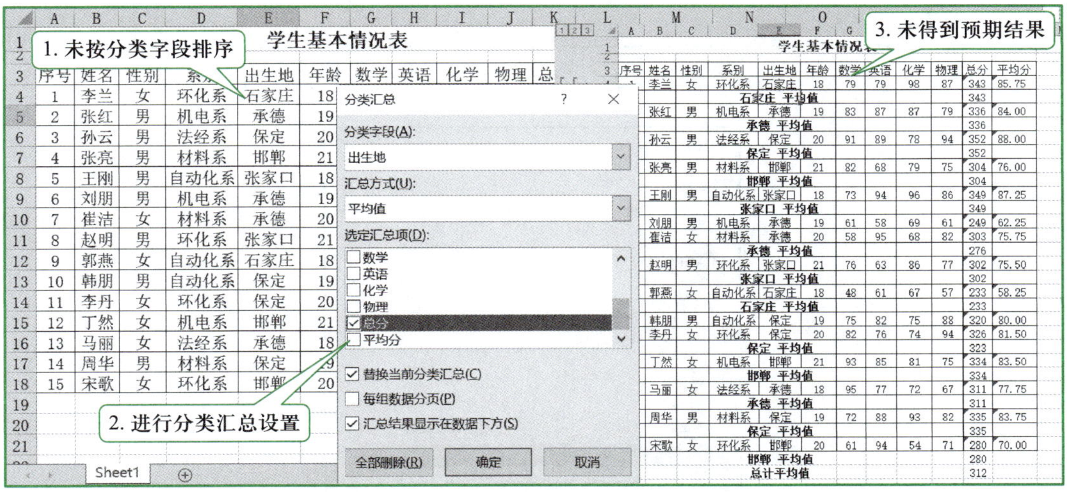

图 3-24　没有排序就直接分类汇总所得到的非预期结果

【例 3-3-4】以本实训【实训要求】②为例，求各年龄学生"总分"的平均值。先按年龄排序，分类汇总设置如图 3-25 所示，分类汇总 2 级显示结果如图 3-26 所示。

【例 3-3-5】以本实训【实训要求】③为例，求各系学生"总分"的平均值。先按"系别"排序，分类汇总设置如图 3-27 所示，分类汇总 2 级显示结果如图 3-28 所示。

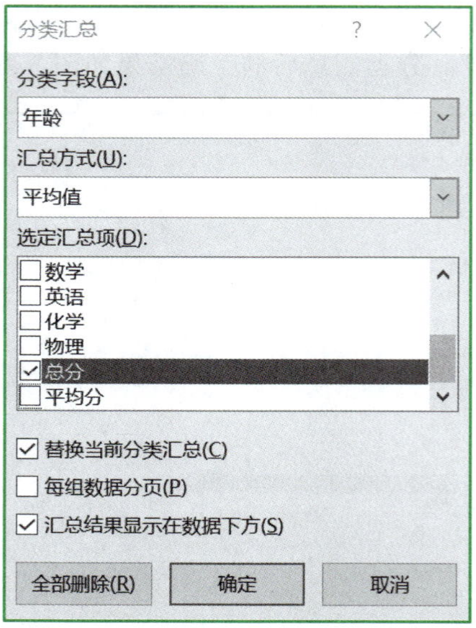

图 3-25　分类汇总设置——求各年龄学生"总分"的平均值

序号	姓名	性别	系别	出生地	年龄	数学	英语	化学	物理	总分	平均分
					18 平均值					309	
					19 平均值					310	
					20 平均值					315	
					21 平均值					313	
					总计平均值					312	

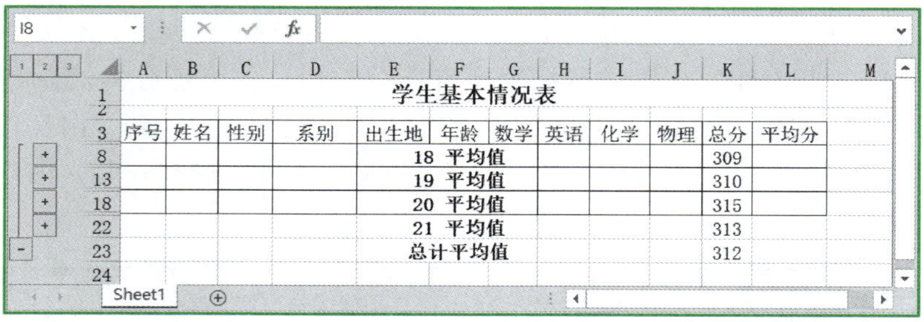

图 3-26　分类汇总 2 级显示结果——各年龄学生"总分"的平均值

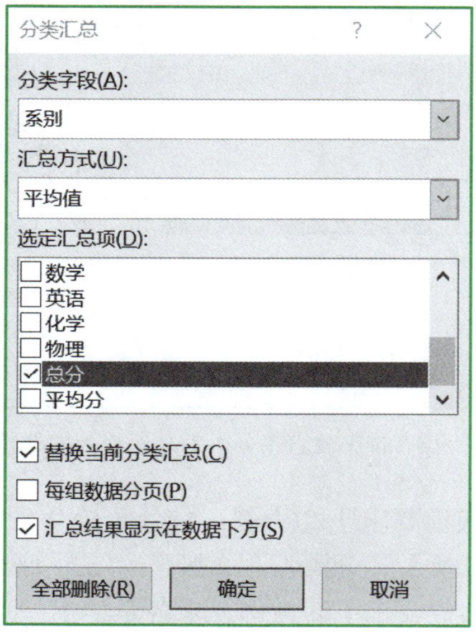

图 3-27　分类汇总设置——求各系学生"总分"的平均值

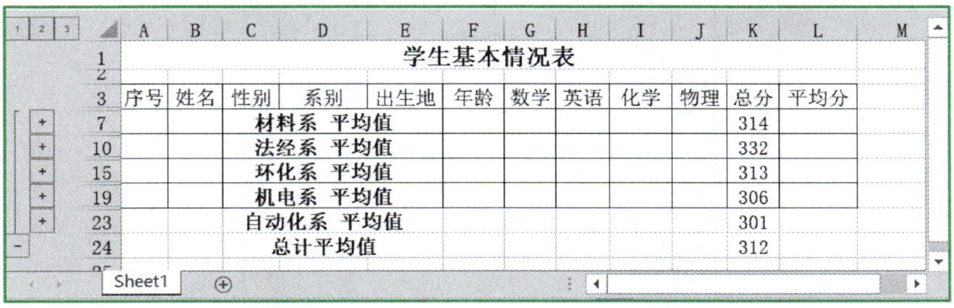

行	A 序号	B 姓名	C 性别	D 系别	E 出生地	F 年龄	G 数学	H 英语	I 化学	J 物理	K 总分	L 平均分
1	学生基本情况表											
7				材料系 平均值							314	
10				法经系 平均值							332	
15				环化系 平均值							313	
19				机电系 平均值							306	
23				自动化系 平均值							301	
24				总计平均值							312	

图 3-28　分类汇总 2 级显示结果——各系学生“总分”的平均值

【例 3-3-6】以本实训【实训要求】④为例，求各地学生每门课程的平均分。先按“出生地”排序，分类汇总设置如 3-29 所示，分类汇总 2 级显示结果如图 3-30 所示。

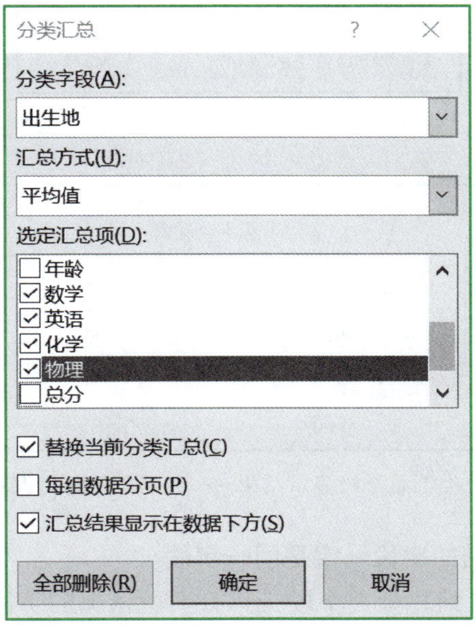

图 3-29　分类汇总设置——求各地学生每门课程的平均分

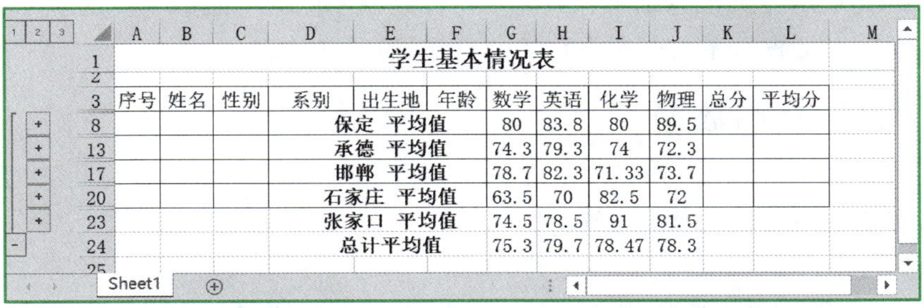

行	A 序号	B 姓名	C 性别	D 系别	E 出生地	F 年龄	G 数学	H 英语	I 化学	J 物理	K 总分	L 平均分
1	学生基本情况表											
8					保定 平均值		80	83.8	80	89.5		
13					承德 平均值		74.3	79.3	74	72.3		
17					邯郸 平均值		78.7	82.3	71.33	73.7		
20					石家庄 平均值		63.5	70	82.5	72		
23					张家口 平均值		74.5	78.5	91	81.5		
24					总计平均值		75.3	79.7	78.47	78.3		

图 3-30　分类汇总 2 级显示结果——各地学生每门课程的平均分

【例 3-3-7】以本实训【实训要求】⑤为例，求各系学生每门课程的最高分。先按“系别”排序，分类汇总设置如图 3-31 所示，分类汇总 2 级显示结果如图 3-32 所示。

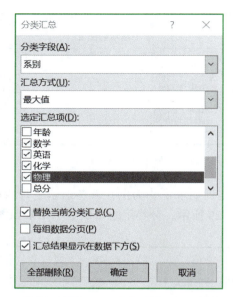

图 3-31   分类汇总设置——求各系学生每门课程的最高分

1 2 3		A	B	C	D	E	F	G	H	I	J	K	L	M
	1					学生基本情况表								
	2													
	3	序号	姓名	性别	系别	出生地	年龄	数学	英语	化学	物理	总分	平均分	
+	7				材料系 最大值			82	95	93	82			
+	10				法经系 最大值			95	89	78	94			
+	15				环化系 最大值			82	94	98	94			
+	19				机电系 最大值			93	87	87	79			
+	23				自动化系 最大值			75	94	96	88			
-	24				总计最大值			95	95	98	94			
	25													

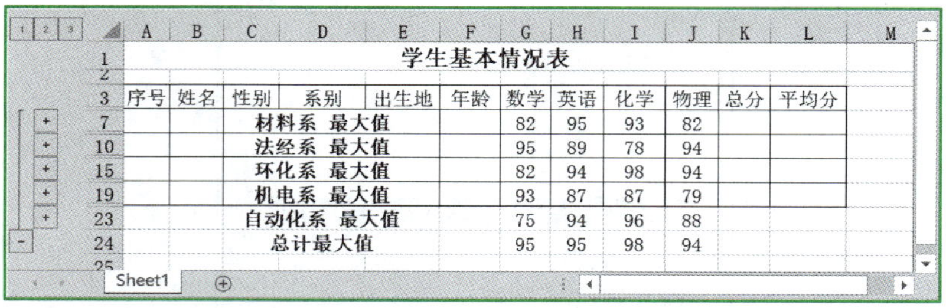

图 3-32   分类汇总 2 级显示结果——各系学生每门课程的最高分

2. 分类字段与排序所依据的字段一定是同一字段

从以上案例中可清楚地看到，分类字段是指分类所依据的字段，而在分类汇总之前，又需要先根据分类字段进行排序，因此分类字段与排序所依据的字段一定为同一字段。

3. 在进行本实训后续分类汇总之前，要先清除前面的分类汇总结果

要清除刚刚完成的分类汇总结果，只需单击标题栏左侧的"撤销"按钮即可。否则，需要打开"分类汇总"对话框，单击其左下角的"全部删除"按钮。

实训 3.3.3   筛选数据

【实训描述】

练习对数据进行自动筛选和高级筛选。

【实训要求】

打开"任务 3.3"文件夹中的实训 3.3.3 素材，在 Sheet1 中有如图 3-18 所示"学生基本情况表"数据清单。在 Sheet1 工作表中按以下要求进行筛选。

① 自动筛选"出生地"为"张家口"的记录。

② 自动筛选"总分"最高的 5 条记录。

③ 自动筛选"平均分"最低的 3 条记录。

④ 自动筛选"平均分"在 70 ~ 85 之间的记录。

⑤ 高级筛选有任何一科不及格的记录。条件区域建立在 N3 单元格开始的区域，将筛选结果复制至 N10 单元格开始的区域。

⑥ 高级筛选"出生地"为保定或承德，"年龄"为 18 或 19，"平均分"大于 75 的记录。条件区域从第 20 行开始建立，在原有区域显示筛选结果。

【操作要点及提示】

"高级筛选"操作步骤较多，属于难点。

1. "高级筛选"操作主要步骤

① 建立高级筛选条件区域。

② 单击数据清单中任意一个单元格。

③ 切换至"数据"选项卡，单击"排序和筛选"选项组中的"高级"按钮，在打开的"高级筛选"对话框中进行设置并单击"确定"按钮。

微课 3-12
自动筛选

其中，建立高级筛选条件区域是进行高级筛选的第一步，也是高级筛选的难点和关键的一步。

2. 建立高级筛选条件区域时应注意 3 个关键问题

以本实训【实训要求】⑤为例，建立条件区域时应注意以下问题。

① 建立"条件区域"的位置。在工作表中距离数据清单 1 行或 1 列以上的任意空白区域都可以建立"条件区域"。如图 3-33 所示，本例选择 N3 单元格开始建立条件区域。

微课 3-13
高级筛选

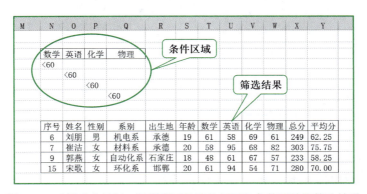

图 3-33　"筛选有任何一门课程不及格的记录"条件区域及筛选结果

② 对条件区域首行的要求。条件区域的第 1 行既可以是筛选条件中涉及的字段名，也可以是数据清单中全部字段名。为确保得到正确的筛选结果，要求条件区域的字段名，必须从数据清单中复制，而不要手工输入。如图 3-33 所示，本例筛选条件中涉及的字段名是"数学""英语""化学""物理"，因此，须从数据清单中将"数学""英语""化学""物理"4 个字段名复制至条件区域的第 1 行。

③ 对条件区域其他行的要求。对每个字段所设置的条件，要写在相应字段名的下方，且书写条件之前要先分析筛选条件是"与"关系还是"或"关系。如果是"与"关系，条件要写在同一行；如果是"或"关系，则条件写在不同行。如图 3-33 所示，本例要求筛选有任何一门课程不及格的记录，即筛选条件是"数学"<60 或"英语"<60 或"化学"<60 或"物理"<60，筛选条件之间均为"或"关系，因此"<60"要写在相应字段名下的不同"行"。

3."高级筛选"对话框设置详解

【例 3-3-8】以本实训【实训要求】⑤为例，在"高级筛选"对话框中的设置如图 3-34 所示，各项含义如下：

①"方式"。选择筛选结果的显示位置。本例选中"将筛选结果复制到其他位置"单选按钮。

②"列表区域"。指定待筛选数据区域。本例选择为 A3:L18。

③"条件区域"。指定条件区域所在单元格区域。本例选择为 N3:Q7。

④"复制到"。本例在"方式"中选中了"将筛选结果复制到其他位置"单选按钮，须在此指定筛选结果起始位置。本例选择 N10，即将筛选结果复制到起始位置为 N10 的单元格区域。本例筛选结果如图 3-33 所示。

【例 3-3-9】以本实训【实训要求】⑥为例，建立的高级筛选条件区域及筛选结果如图 3-35 所示。

图 3-34 "高级筛选"对话框中的设置

微课 3-14
高级筛选与
自动筛选

图 3-35 筛选"出生地"为保定或承德，"年龄"为 18 或 19，"平均分"大于 75 的学生记录

📖 **思考：**

本实训【实训要求】⑥能否通过自动筛选完成？

4. 自动筛选与高级筛选的使用区别

① 自动筛选。自动筛选操作简便易行，既可以依据一个字段设置筛选条件，也可以依据多个字段设置筛选条件，并且可以灵活地变换筛选条件。其局限性在于根据多个字段设置自动筛选的条件时，不同字段筛选条件必须是"与"关系。而且在"自定义自动筛选方式"对话框中最多可对一个字段设置两个条件。

② 高级筛选。高级筛选步骤较多。实际使用时主要用于弥补自动筛选的不足，解决多个字段筛选条件为"或"关系的问题，以及对一个字段设置两个以上条件的问题。

实训 3.3.4 建立数据透视表

【实训描述】

练习建立"数据透视表"，并通过数据透视表分析数据。

【实训要求】

打开"任务 3.3"文件夹中的实训 3.3.4 素材，在 Sheet1 中有如图 3–18 所示"学生基本情况表"数据清单。根据 Sheet1 工作表中的数据建立数据透视表。

① 在新工作表中建立数据透视表，统计各地、各系、各年龄学生的人数。

② 以 Sheet1 工作表中 A21 单元格为起始位置，建立数据透视表统计各地、各系学生"平均分"的平均值，结果保留 1 位小数。

微课 3–15
建立数据透视表

【操作要点及提示】

1. 数据透视表的特点

数据透视表集分类汇总与自动筛选功能于一身，能同时从多角度分析数据，是 Excel 强大数据分析能力的具体体现。

2. 建立数据透视表的关键是布局设计

建立数据透视表关键的步骤是布局设计。在布局设计时，关键是弄清需要把哪些字段添加到"筛选器"区域，哪些字段添加到"行"区域，哪些字段添加到"列"区域，哪些字段添加到"值"区域。

其中"筛选器""行""列"区域应添加分析数据所依据的字段，"值"区域应添加被分析的数据字段。通常，不必对"筛选器""行""列"区域进行细分；若一定要区分，则可在"筛选器"区域中添加以进行筛选分析为主的字段，"行""列"区域中添加以进行分类汇总分析为主的字段。

【例 3–3–10】 以本实训【实训要求】①为例，本例是根据"出生地""系别""年龄"3 个字段分析"人数"，即分析依据是"出生地""系别""年龄"，被分析数据是"人数"。因此，如图 3–36 所示，把"出生地""系别""年龄"3 个字段分别添加至"筛选器""行""列"区域；为了得到"人数"统计结果，可以把任意"文本型"字段添加到"值"区域（在此选"姓名"字段）。最终建立的数据透视表如图 3–37 所示。

图 3–36　布局设计——统计各地、各系、各年龄人数

图 3–37　建立数据透视表——统计各地、各系、各年龄人数

年龄	（全部）					
计数项:姓名	列标签					
行标签	材料系	法经系	环化系	机电系	自动化系	总计
保定		1	1		1	4
承德	1		1	2		4
邯郸	1			1	1	3
石家庄			1		1	2
张家口		1	1			2
总计	3	2	4	3	3	15

【例 3-3-11】以本实训【实训要求】②为例，本例分析依据是"出生地""系别"，因此，可以把这两个字段分别添加至"行""列"区域。被分析数据是"平均分"，因此，将"平均分"字段添加到"值"区域。此时是对各地、各系学生的"平均分"求和，用鼠标单击"值"区域字段，从弹出的快捷菜单中选择"值字段设置"命令，把"求和"改为"平均值"。

> 📖 说明：
>
> Excel 规定，在进行数据透视表布局设计时，当"值"区域字段为"数值型"数据时，默认分析方法为"求和"；当"值"区域字段为"文本型"数据时，默认分析方法为"计数"。但分析方法可以通过"值字段设置"命令改变。

本例布局设计如图 3-38 所示，所建立数据透视表如图 3-39 所示。

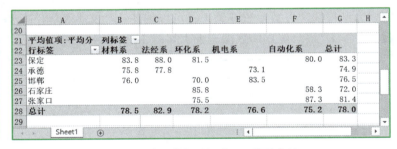

平均值项:平均分	列标签						
行标签	材料系	法经系	环化系	机电系		自动化系	总计
保定	83.8	88.0	81.5			80.0	83.3
承德	75.8	77.8		73.1			74.9
邯郸	76.0		70.0	83.5			76.5
石家庄			85.8			58.3	72.0
张家口			75.5			87.3	81.4
总计	78.5	82.9	78.2	76.6		75.2	78.0

图 3-38　布局设计——统计各地、各系"平均分"的平均值

图 3-39　建立数据透视表——统计各地、各系"平均分"的平均值

【任务 3.4】制作图表

Excel 具有数据图表化的功能。它可将工作表中的数据以图表形式呈现，使数据更加直观、清晰、一目了然。本任务包含 2 个实训项目：直接选取工作表中数据建立图表，根据分类汇总结果建立图表。

【训练目的】

① 掌握建立图表、编辑图表及设置图表格式的基本方法。

② 掌握选取分类汇总结果建立图表的方法。

实训 3.4.1　直接选取工作表中的数据建立图表

【实训描述】

练习图表的常用操作。

【实训要求】

打开"任务 3.4"文件夹中的实训 3.4.1 素材，在 Sheet1 中有如图 3–40 所示"数学成绩表"，按以下要求进行图表操作。

	A	B	C	D	E	F	G
1			数学成绩表				
2	学号	姓名	平时成绩	期末成绩	总评成绩	等级	
3	001	唐晓丽	79	88	85	良好	
4	002	武少红	83	68	73	中等	
5	003	付丽娟	91	91	91	优秀	
6	004	潘爱家	64	76	72	中等	
7	005	马会如	85	58	66	及格	
8	006	高翔宇	97	79	84	良好	
9	007	田苗苗	68	71	70	中等	
10	008	周光荣	91	82	85	良好	
11	009	张雅雪	89	69	75	中等	
12	010	刘红丽	87	83	84	良好	
13	011	张静茹	82	76	78	中等	
14	012	史可凡	73	81	79	中等	
15	013	鲍芳芳	94	90	91	优秀	
16	014	李思量	76	76	76	中等	
17	015	何冬冬	69	71	70	中等	
18							

图 3–40　数学成绩表

微课 3-16

直接选取数据建立图表

① 建立图表。将"数学成绩表"中每名学生的"平时成绩""期末成绩"及"总评成绩"反映在图表工作表中，图表类型为簇状柱形图。

② 编辑图表及设置图表格式。

- 图表作为新工作表插入，图表工作表名称为"数学成绩图表"。
- 图例为宋体、12 磅，位于图表底部。
- 图表标题为"数学成绩图表"，黑体、26 磅、红色。
- 水平轴标签为宋体、14 磅、深蓝色。
- 垂直轴刻度为 Arial 体、14 磅、深蓝色。

完成以上各项要求后所建立的图表如图 3–41 所示。

【操作要点及提示】

1. 建立图表的关键是恰当选取建立图表的数据区域

恰当选取建立图表的数据区域是指仅选取工作表中需要在图表中反映的数据区域。以本实训【实训要求】①为例，为将"数学成绩表"中每名学生的"平时成绩""期末成绩""总评成绩"反映在图表中，所选取的数据区域应是工作表中 B2:E17 区域，既不能多选，也不能少选，更不能一味地全选。

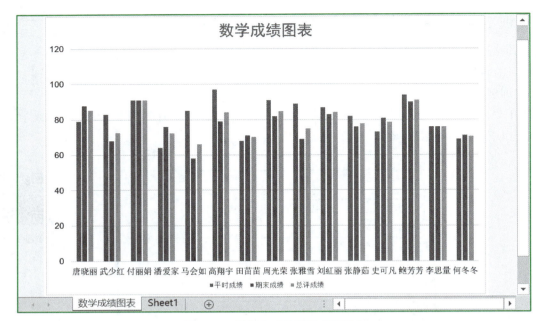

图 3-41   制作完成的数学成绩图表

　　如图 3-42 所示为恰当选取的数据区域及所建立的图表；如图 3-43 所示为多选了"学号"列数据区域及所建立的图表；如图 3-44 所示是少选了"姓名"列数据区域及所建立的图表；如图 3-45 所示是全选了数据表后，导致未能建立图表。由此可见，选取的数据区域不同，其结果也不同。

2. 明确图表的建立位置

　　根据图表建立后存放的位置，图表可分为嵌入式图表和图表工作表。图 3-42~图 3-44 所建立的图表，均为"嵌入式图表"（默认位置）。

　　若要将嵌入式图表更改为图表工作表，操作如图 3-46 所示，须在"移动图表"对话框中选中"新工作表"单选按钮，并可修改图表工作表的默认名字 Chart1。

图 3-42   恰当地选取数据区域及所建立的图表

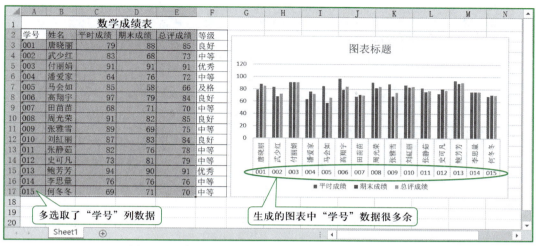

图 3-43　多选了"学号"列数据区域及所建立的图表

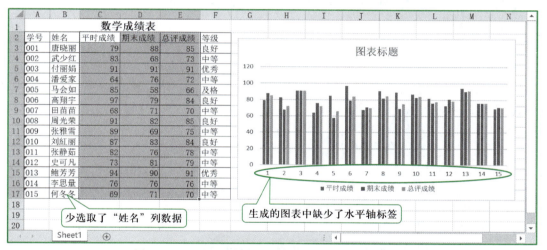

图 3-44　少选了"姓名"列数据区域及所建立的图表

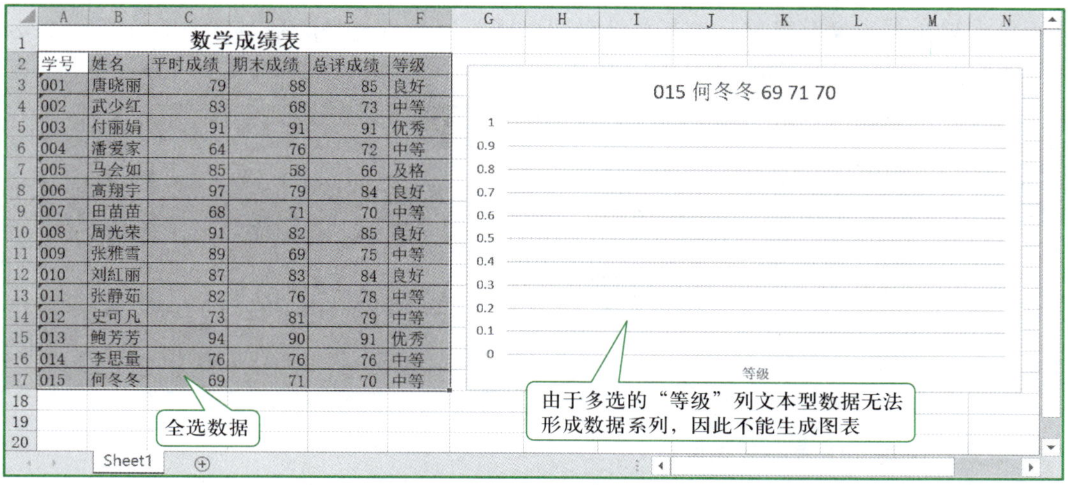

图 3-45　全选数据后未能建立图表

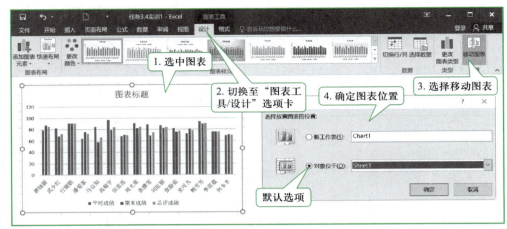

图 3-46   更改图表位置的操作步骤

实训 3.4.2   根据分类汇总结果建立图表

【实训描述】

练习根据分类汇总结果建立图表。

【实训要求】

打开"任务 3.4"文件夹中的实训 3.4.2 素材，在 Sheet1 中有如图 3-18 所示的"学生基本情况表"数据清单，按以下要求进行操作。

① 按"系别"分类汇总"平均分"的平均值。

② 把各系"平均分"的平均值反映在图表中，具体要求如下。

- 图表类型为簇状柱形图。
- 图表标题为"各系平均成绩图表"。
- 图表位置为当前工作表 A26:L40 单元格区域。

【操作要点及提示】

1. 在分类汇总结果 2 级显示下选取建立图表的数据区域

以本实训【实训要求】①为例，如图 3-47 所示，分类汇总结果 2 级显示集中显示了分类汇总结果。因此，如果要根据分类汇总结果建立图表，最方便方法是在分类汇总结果 2 级显示下选取建立图表的数据区域。

微课 3-17
根据分类汇
总结果建立
图表

图 3-47   分类汇总结果 2 级显示下选取建立图表的数据区域

2. 恰当选取建立图表的数据区域

以本实训【实训要求】②为例，如图 3-47 所示，建立该图表的关键是在分类汇总结果 2

级显示下恰当地选取建立图表的数据区域，既不能多选"总计平均值"（D24 和 L24 单元格），也不能多选空白列 A~C 列及 E~K 列，最终建立的图表如图 3-48 所示。

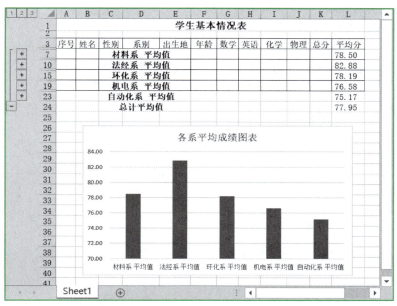

图 3-48　各系平均成绩图表

【Excel 综合应用示例】

通过本综合应用示例对 Excel 的主要功能进行综合应用，以达到熟练、灵活使用 Excel 主要功能的目的。

【示例描述】打开 Excel 综合示例素材，在 Sheet1 中有如图 3-49 所示的工作表，按以下"操作要求 1"~"操作要求 5"进行操作。

	A	B	C	D	E	F	G	H
1	姓名	数学	物理	化学	生物	政治	英语	
2	刘兴旺	84	88	71	76	65	83	
3	程东风	92	92	82	85	81	86	
4	刘梦桐	78	98	80	93	81	79	
5	孙小六	79	90	80	91	80	88	
6	李立南	82	92	87	89	72	72	
7	王汪洋	79	95	75	86	75	90	
8	许继发	78	98	76	89	75	74	
9	李诚至	54	85	81	94	85	67	
10	童贵贞	82	100	82	90	80	90	
11	韩露露	90	98	74	83	85	77	
12	徐宛秋	99	88	60	80	76	76	
13	刘　露	68	85	81	89	66	72	
14	赵桂兰	90	90	80	85	78	77	
15	王　华	82	82	77	86	80	84	
16	钟曼芳	82	80	65	77	75	73	
17	李利坚	46	87	60	72	73	77	
18	李　茜	60	87	88	86	76	75	
19	邵　风	63	80	65	71	30	77	
20	何　雷	46	80	61	73	15	77	
21	贾莲春	47	86	77	75	30	72	

图 3-49　Excel 综合应用示例素材

【操作要求 1】

编辑 Sheet1 工作表并设置格式。

① 在第 1 行前插入 5 行，设置第 1 行行高为 30。

② 在最左端插入 1 列。

③ 合并后居中 A1:I1 单元格，输入标题"高一 3 班学生成绩单"，设置为黑体、20 磅、红色。

④ 在 B3、C3、D3、E3 单元格分别输入"考试人数""优秀""及格""不及格"。

⑤ 在 A6 单元格中输入"学号"，在 I6 单元格中输入"总成绩"。

⑥ 将 A6:I6 单元格区域文字设置为楷体、14 磅、水平居中，填充颜色为"水绿色，个性色 5，淡色 60%"。

完成"操作要求 1"后的 Sheet1 工作表如图 3-50 所示。

微课 3-18
综合应用示
例操作要求 1

	A	B	C	D	E	F	G	H	I	J
1				高一3班学生成绩单						
2										
3		考试人数	优秀		及格		不及格			
4										
5										
6	学号	姓名	数学	物理	化学	生物	政治	英语	总成绩	
7		刘兴旺	84	88	71	76	65	83		
8		程东风	92	92	82	85	81	86		
9		刘梦桐	78	98	80	93	81	79		
10		孙小六	79	90	80	91	80	88		
11		李立南	82	92	87	89	72	72		
12		王汪洋	79	95	75	86	75	90		
13		许继发	78	98	76	89	75	74		

图 3-50   完成"操作要求 1"后的 Sheet1 工作表

【操作步骤】

（1）行列操作

① 连续插入 5 行。在行号处拖动鼠标选中第 1 行 ~ 第 5 行，切换至"开始"选项卡，单击"单元格"选项组中的"插入"命令，在第 1 行前插入 5 行。

② 设置行高。单击行号"1"选中第 1 行，切换至"开始"选项卡，单击"单元格"选项组中的"格式"按钮，从下拉列表选择"行高"命令，打开"行高"对话框，输入行高值"30"，并单击"确定"按钮。

③ 在最左端插入 1 列。单击列标"A"选中 A 列，切换至"开始"选项卡，单击"单元格"选项组中的"插入"命令，在 A 列左侧插入 1 列。

（2）单元格操作

① 设置单元格区域"合并后居中"对齐。选中 A1:I1 单元格，选择"开始"选项卡，单击"对齐方式"选项组中的"合并后居中"按钮。

② 输入并设置 A1 单元格格式。在 A1 单元格输入标题"高一 3 班学生成绩单"，切换至"开始"选项卡，单击"字体"选项组中的相应命令按钮，设置格式为黑体、20 磅、红色。

③ 在 B3、C3、D3、E3 单元格分别输入"考试人数""优秀""及格""不及格"。在 A6 单元格输入"学号"，在 I6 单元格中输入"总成绩"。

④ 设置 A6:I6 单元格字体格式。选中 A6:I6 单元格，切换至"开始"选项卡，单击"字体"选项组中的相应命令按钮，设置格式为楷体、14 磅、填充颜色为"水绿色，个性色 5，淡

色 60%"，单击"对齐方式"选项组中的"居中"按钮，设置为水平居中。

保存工作簿至自己的文件夹中。

【操作要求 2】

在如图 3-50 所示工作表的基础上，计算与填充 Sheet1 工作表数据。

① 填充"学号"列，格式设置为"文本"型，水平居中，学号从 01 到 33 为连续值。

② 计算并填充"总成绩"列，"总成绩"是各科成绩之和。

③ 根据"总成绩"列数据，使用函数分别在 B4、C4、D4、E4 单元格统计出考试人数及优秀、及格、不及格人数。条件为总成绩大于或等于 500 为优秀，450 ～ 499 为及格，小于 450 为不及格（提示：需使用 COUNTA 及 COUNTIF 函数）。

完成"操作要求 2"后的 Sheet1 工作表如图 3-51 所示。

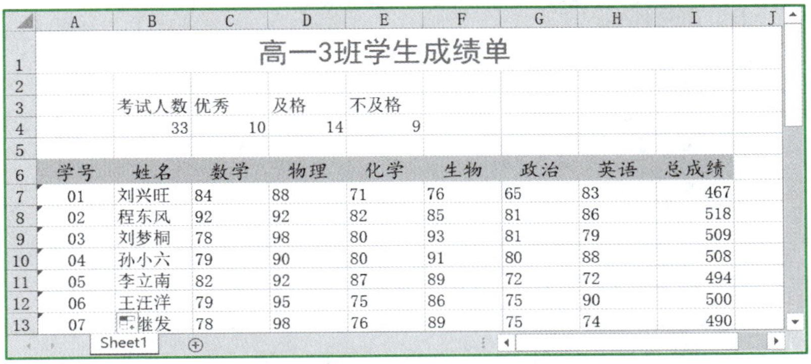

微课 3-19
综合应用示
例操作要求 2

图 3-51　完成"操作要求 2"后的 Sheet1 工作表

【操作步骤】

（1）设置及填充"学号"列

① 设置"学号"列数据为"文本"类型。选中"学号"列 A7 单元格，切换至"开始"选项卡，单击"数字"选项组中的"数字格式"下拉按钮▼，从下拉列表中选中"文本"选项。

② 填充 A7:A39 区域学号。在 A7 单元格输入"01"，用鼠标指向 A7 单元格的填充柄，当鼠标指针变为"+"形状时，向下拖动鼠标，至 A39 单元格。或在 A7 单元格输入"01"后，双击 A7 单元格的填充柄实现填充。

③ 设置"学号"列水平居中。选中"学号"列 A7:A39 单元格区域，切换至"开始"选项卡，单击"对齐方式"选项组中的"居中"按钮。

（2）计算"总成绩"列

① 在"总成绩"列 I7 单元格输入公式"=C7+D7+E7+F7+G7+H7"。也可通过"Σ 自动求和"按钮计算，或通过 SUM 函数计算。

② 复制公式。用鼠标指向 I7 单元格填充柄，当鼠标指针变为"+"形状时，向下拖动鼠标，完成"总成绩"列其他数据的计算填充。或双击 I7 单元格填充柄完成"总成绩"列其他数据的计算填充。

（3）使用函数计算

① 使用 COUNTA 函数统计"考试人数"。选中 B4 单元格，单击编辑栏左侧的 fx 按钮，则在 B4 单元格添加等号"="，并打开如图 3-52 所示"插入函数"对话框，从"或选择类别"

下拉列表中选择"统计",在"选择函数"列表框中选择"COUNTA",单击"确定"按钮,在打开的如图 3-53 所示"函数参数"对话框中,单击 Value1 参数文本框,用鼠标选取 I7:I39 区域,单击"确定"按钮,即完成了"考试人数"统计。

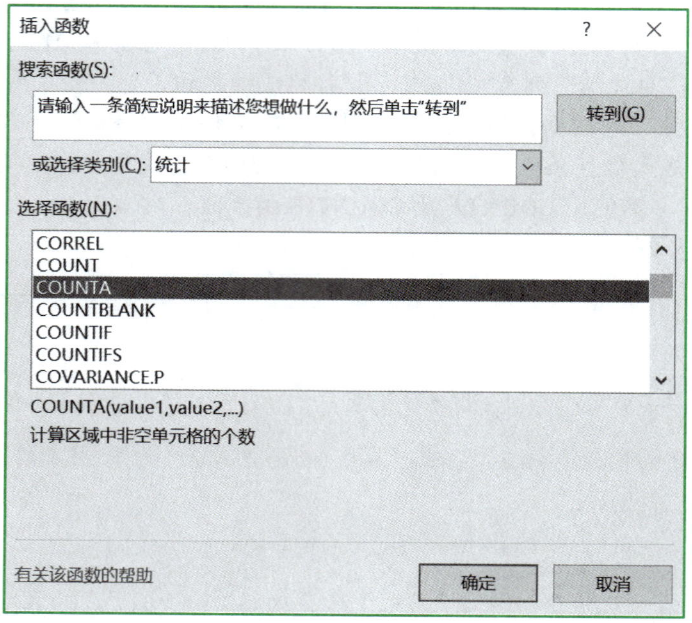

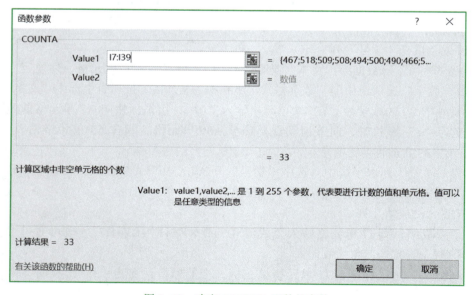

图 3-52   选择 COUNTA 函数

图 3-53   确定 COUNTA 函数的参数

② 使用 COUNTIF 函数统计"优秀人数"。与上述调用 COUNTA 函数的方法类似,在 C4 单元格插入"统计"类的 COUNTIF 函数,单击"确定"按钮,打开"函数参数"对话框,设置参数如图 3-54 所示,单击"确定"按钮,即完成了对"优秀人数"的统计。

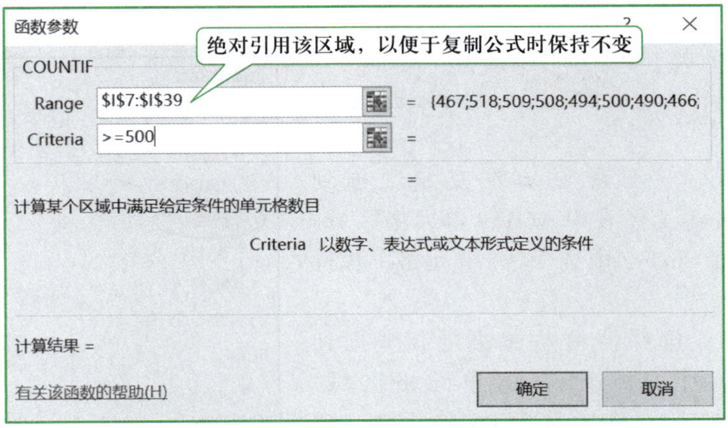

图 3-54　确定 COUNTIF 函数的参数

③ 复制并编辑公式统计"及格人数""不及格人数"。拖动 C4 单元格的填充柄至 E4，则将 C4 单元格公式原样复制到 D4 和 E4 单元格。

在编辑栏修改 D4 单元格公式为"=COUNTIF($I$7:$I$39,">=450")–C4"。

在编辑栏修改 E4 单元格公式"=COUNTIF($I$7:$I$39,"<450")"。

保存工作簿至自己的文件夹中。

【操作要求 3】

在如图 3-51 所示 Sheet1 工作表后面插入工作表并复制工作表数据。

① 在 Sheet1 后面插入 Sheet2 和 Sheet3 两张工作表。

② 复制如图 3-51 所示 Sheet1 工作表中 A6:I39 单元格区域中的数据到 Sheet2 工作表 A1 单元格开始处。

③ 复制如图 3-51 所示 Sheet1 工作表中 C3:E4 单元格区域中的数据到 Sheet3 工作表 B3 单元格开始处。

完成"操作要求 3"后的结果如图 3-55 所示。

微课 3-20

综合应用示
例操作要求 3

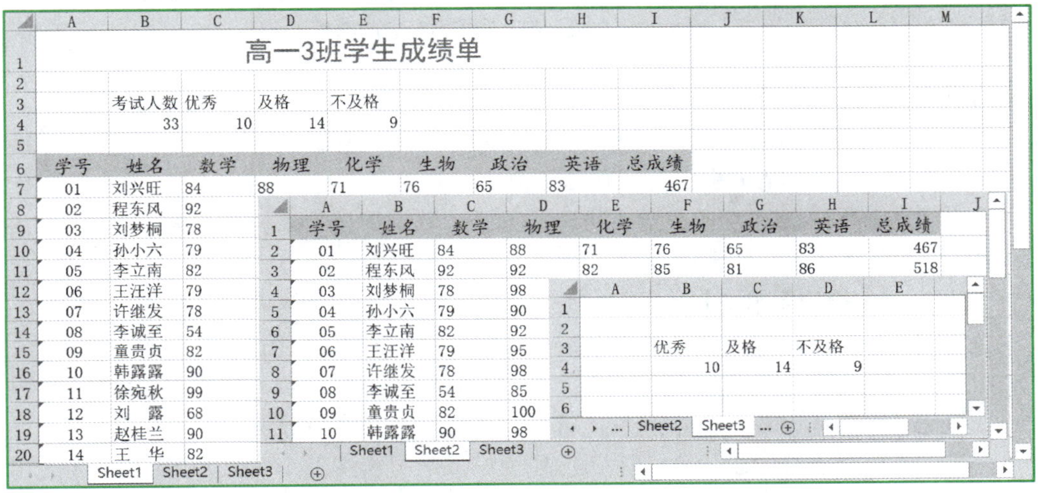

图 3-55　完成"操作要求 3"后的结果

【操作步骤】

① 插入新工作表。单击工作表标签栏新工作表 "⊕" 按钮，在 Sheet1 后面插入 Sheet2 和 Sheet3 两张工作表。

② 使用复制、一般粘贴方法复制数据到 Sheet2。选中 Sheet1 工作表中 A6:I39 单元格区域，执行复制操作，在 Sheet2 中选中 A1 单元格，执行粘贴操作。

③ 使用复制、选择性粘贴方法复制数据到 Sheet3。选中 Sheet1 工作表 C3:E4 单元格区域，执行复制操作，在 Sheet3 中选中 B3 单元格，切换至 "开始" 选项卡，单击 "剪贴板" 选项组中的 "粘贴" 下拉按钮，在下拉列表中选择 "选择性粘贴" 命令，在打开的 "选择性粘贴" 对话框中 "粘贴" 区选中 "数值" 单选按钮，如图 3-56 所示，单击 "确定" 按钮。保存工作簿至自己的文件夹中。

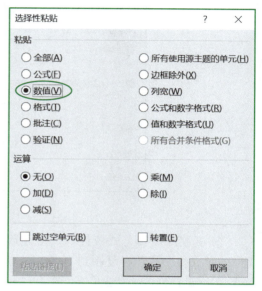

图 3-56   "选择性粘贴" 对话框

【操作要求 4】

如图 3-55 所示，对 Sheet2 工作表中数据进行筛选。

筛选出 "数学" "物理" "英语" 成绩均大于或等于 85 分的记录。

完成 "操作要求 4" 后的结果如图 3-57 所示。

微课 3-21
综合应用示
例操作要求 4

	A	B	C	D	E	F	G	H	I	J
1	学号	姓名	数学	物理	化学	生物	政治	英语	总成绩	
3	02	程东风	92	92	82	85	81	86	518	
23	22	赵鹏	93	88	75	95	60	90	501	
26	25	张力量	91	100	72	91	80	85	519	
35										

Sheet1   Sheet2   Sheet3   ⊕

图 3-57   完成 "操作要求 4" 后的结果

【操作步骤】

① 启动自动筛选功能。单击 Sheet2 工作表数据区域中任意单元格，切换至 "数据" 选项卡，单击 "排序和筛选" 选项组中的 "筛选" 命令。

② 设置筛选条件。分别设置数学、物理、英语 "数字筛选" 条件为 "大于或等于" 85。

保存工作簿至自己的文件夹中。

【操作要求 5】

如图 3-55 所示，根据 Sheet3 工作表中数据建立图表。

① 制作三维饼图显示 "优秀" "及格" "不及格" 人数所占百分比。

② 作为新工作表插入，新工作表名字为 "成绩分析图"。

③ 设置图表元素。图表标题为 "成绩分析图"，黑体，32 磅，蓝色；以百分比显示数据标志，调整数据标志及图例文字的大小为 20 磅。

微课 3-22
综合应用示
例操作要求 5

完成"操作要求 5"后的结果如图 3-58 所示。

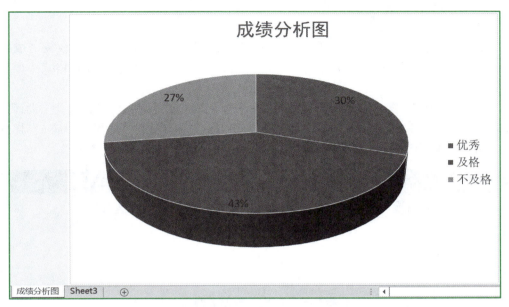

图 3-58　完成"操作要求 5"后的结果

【操作步骤】

（1）建立图表

在 Sheet3 中选中数据区域 B3:D4，切换至"插入"选项卡，单击"图表"选项组中的"插入饼图或圆环图"按钮，在下拉列表中选择"三维饼图"项，即在当前工作表中建立了如图 3-59所示三维饼图。

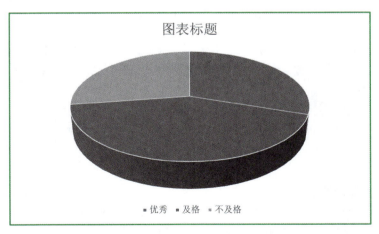

图 3-59　未经编辑的三维饼图

（2）更改图表位置

选中图表，则 Excel 窗口顶部会新增"图表工具"上下文选项卡，切换至"图表工具 | 设计"选项卡，单击"位置"选项组中的"移动图表"按钮，在打开的"移动图表"对话框中选

中"新工作表"单选按钮，并输入新图表工作表名称"成绩分析图"，单击"确定"按钮，即新建立了"成绩分析图"图表工作表。

（3）图表编辑

① 编辑及设置图表标题。将如图3-59所示图表中的文字"图表标题"改为"成绩分析图"，切换至"开始"选项卡，单击"字体"选项组中的相应命令按钮，设置格式为黑体、32磅、蓝色。

② 以百分比显示数据标志。如图3-60所示，选中图表，切换至"图表工具 | 设计"选项卡，单击"图表布局"选项组中的"快速布局"按钮，从下拉列表中选择"布局6"样式，则图表中增加了以百分比显示的数据标志。

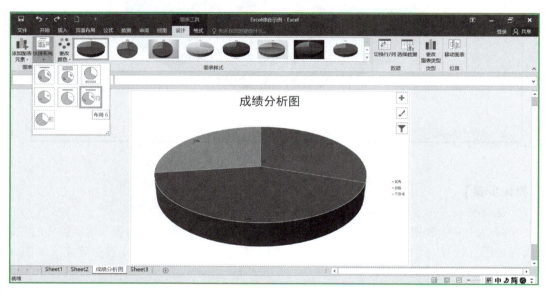

图 3-60   添加以百分比显示数据标志

③ 调整数据标志及图例文字的大小为 20 磅。单击选中图表中的数据标志，切换至"开始"选项卡，单击"字体"选项组中的相应命令按钮，设置数据标志大小为 20 磅。同理，可设置图例文字大小为 20 磅。

保存工作簿至自己的文件夹中。

【Excel 综合测试】

微课 3-23
综合测试 1
工作表编辑
计算及格式
设置

【综合测试1】

打开 Excelct 文件夹下的"Eceshi1.xlsx"工作簿，按下列要求操作。

1. 在 Sheet1 工作表中进行以下操作

（1）Sheet1 工作表的编辑、计算填充及格式设置。

① 将 Sheet1 工作表的 A1:D1 单元格合并为一个单元格，内容水平居中。

② 计算"费用"的合计和"所占比例"列的内容（百分比型，保留小数点后 2 位）。

③ 按费用额的递增次序计算"排名"列的内容（使用 RANK.EQ 函数）。

④ 将 A2:D9 单元格区域格式设置为自动套用格式"表样式浅色 2"。

（2）在 Sheet1 工作表中按以下要求制作图表。

① 选取"销售区域"列和"所占比例"列（不含"合计"行）数据建立"三维饼图"。

② 在图表上方插入图表标题为"销售费用统计图"。

③ 图例位置靠上，添加百分比数据标签，设置图表区填充颜色为黄色。

④ 将图表移动到 Sheet1 工作表的 A11:F25 单元格区域内。

（3）重命名 Sheet1 工作表为"销售费用统计表"。

完成测试 1 要求后的 Sheet1 工作表如图 3-61 所示。

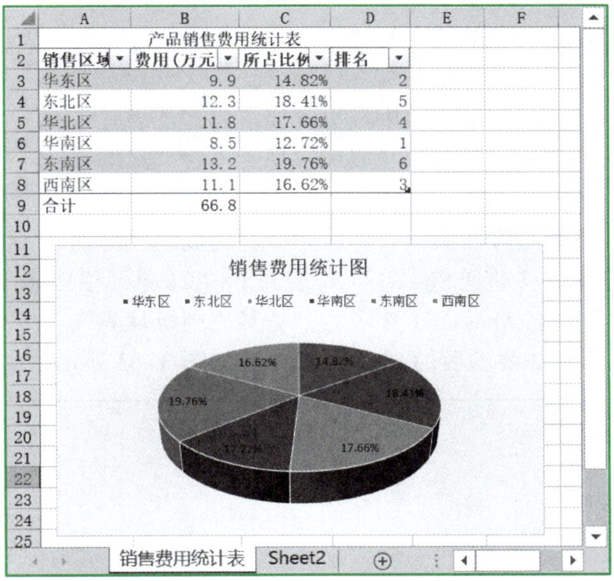

微课 3-24

综合测试 1

制作图表

图 3-61　完成测试 1 要求后的 Sheet1 工作表

2. 在 Sheet2 工作表中按以下要求进行数据分析

（1）排序。根据 Sheet2 工作表中的数据，按主要关键字"销售单位"递增次序和次要关键字"产品名称"递减次序排序。

（2）分类汇总。根据 Sheet2 工作表中的数据，计算不同销售单位的销售总额和销售数量。汇总结果显示在数据下方。

测试 1 的 2 级显示分类汇总结果如图 3-62 所示。

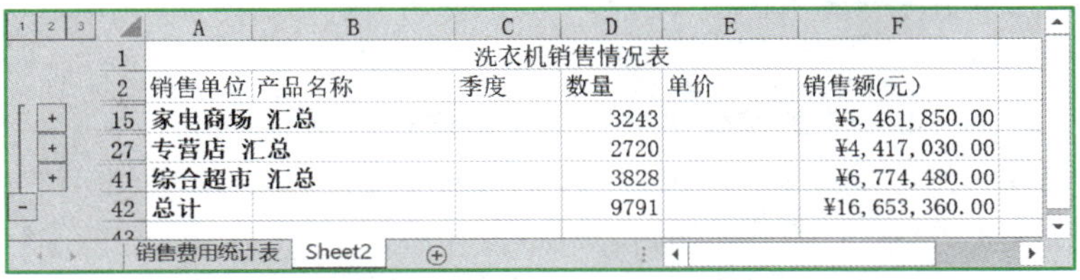

微课 3-25

综合测试 1

数据分析

图 3-62　测试 1 的 2 级显示分类汇总结果

保存工作簿至自己的文件夹中。

【综合测试 2】

打开 Excelct 文件夹下的"Eceshi2.xlsx"工作簿，按下列要求操作。

1. 在 Sheet1 工作表中进行以下操作

（1）Sheet1 工作表的编辑、计算填充及格式设置。

① 将 Sheet1 工作表的 A1:E1 单元格合并为一个单元格，内容水平居中。

微课 3-26
综合测试 2
工作表编辑
计算及格式
设置

② 计算学生的平均成绩（保留小数点后 1 位，置于 C23 单元格内）。

③ 按"成绩"的递减次序计算"排名"列的内容（使用 RANK.EQ 函数）。

④ 根据"成绩"填充"备注"列。若成绩在 105 分及以上，"备注"列为"优秀"，否则"备注"列为"良好"（使用 IF 函数）。

⑤ 使用条件格式将 E3:E22 单元格区域中内容为"优秀"的单元格字体颜色设置为红色。

（2）在 Sheet1 工作表中按以下要求制作图表。

微课 3-27
综合测试 2
制作图表

① 选取"学号"列和"成绩"列（不含"平均成绩"行）数据建立"带数据标记的折线图"，数据系列产生在"列"。

② 在图表上方插入图表标题为"竞赛成绩统计图"。

③ 将图表移动到 Sheet1 工作表的 F8:L21 单元格区域内。

（3）重命名 Sheet1 工作表为"竞赛成绩统计表"。

完成测试 2 要求后的 Sheet1 工作表如图 3-63 所示。

图 3-63　完成测试 2 要求后的 Sheet1 工作表

2. 在 Sheet2 工作表中按以下要求进行数据分析

微课 3-28
综合测试 2
数据分析

（1）排序。根据 Sheet2 工作表中的数据，按主要关键字"组别"的递增次序和次要关键字"年龄"的递减次序排序。

（2）自动筛选。根据 Sheet2 工作表中的数据，筛选出"开发部"或"培训部"的"博士"。

测试 2 筛选结果如图 3-64 所示。

保存工作簿至自己的文件夹中。

	A	B	C	D	E	F	G	H
1	某IT公司某年人力资源情况表							
2	编号	部门	组别	年龄	性别	学历	职称	工资
9	C040	开发部	D2	33	男	博士	高工	5500
10	C008	开发部	D2	31	男	博士	工程师	4500
12	C018	开发部	D2	28	男	博士	工程师	4000
16	C032	开发部	D3	34	男	博士	高工	5500
40	C029	培训部	T1	28	男	博士	工程师	3500
43								

竞赛成绩统计表　Sheet2 ⊕

图 3-64　测试 2 筛选结果

【综合测试 3】

打开 Excelct 文件夹下的 "Eceshi3.xlsx" 工作簿，按下列要求操作。

1. 在 Sheet1 工作表中进行以下操作

（1）Sheet1 工作表的编辑、计算填充及格式设置。

① 将 Sheet1 工作表的 A1:G1 单元格合并为一个单元格，内容水平居中。

② 计算 "利润" 列（利润 = 销售价 – 进货价）。

③ 按利润降序次序计算 "排名" 列的内容（使用 RANK.EQ 函数）。

④ 根据 "利润" 填充 "说明" 列。若 "利润" 大于或等于 600，"说明" 列为 "畅销品种"，否则 "说明" 列为 "一般品种"（使用 IF 函数）。

（2）在 Sheet1 工作表中按以下要求制作图表。

① 选取 "产品" 列和 "利润" 列数据建立 "三维簇状柱形图"，数据系列产生在 "列"。

② 在图表上方插入图表标题为 "产品利润情况图"。

③ 设置横坐标轴的标题为 "产品"，纵坐标轴的标题为 "利润"。

④ 将图表移动到 Sheet1 工作表的 A10:G24 单元格区域内。

（3）重命名 Sheet1 工作表为 "产品利润表"。

完成测试 3 要求后的 Sheet1 工作表如图 3-65 所示。

	A	B	C	D	E	F	G	H
1	产品利润情况表							
2	产品	型号	进货价	销售价	利润	排名	说明	
3	F1	F1A	2000	2500	500	4	一般品种	
4	F1	F1B	4500	4900	400	5	一般品种	
5	F2	F2A	3400	4000	600	2	畅销品种	
6	F2	F2B	4500	5400	900	1	畅销品种	
7	F3	F3A	1200	1800	600	2	畅销品种	
8	F3	F3B	3400	3500	100	6	一般品种	

产品利润情况图（图表）

产品利润表　Sheet2 ⊕

图 3-65　完成测试 3 要求后的 Sheet1 工作表

2. 在 Sheet2 工作表中按以下要求进行数据分析

（1）自动筛选。根据 Sheet2 工作表中的数据，筛选出语文、数学、英语 3 门课程均大于或等于 75 分的记录。

（2）排序。根据 Sheet2 工作表中筛选后的数据，按主要关键字"平均成绩"降序次序和次要关键字"班级"升序次序排序。

测试 3 筛选及排序结果如图 3-66 所示。

微课 3-31
综合测试 3
数据分析

	A	B	C	D	E	F	G
1	学号	班级	语文	数学	英语	平均成	
7	013007	3班	94	81	90	88.33	
9	012011	2班	95	87	78	86.67	
19	011028	1班	91	75	77	81.00	
22							

产品利润表   Sheet2

图 3-66   测试 3 筛选及排序结果

保存工作簿至自己的文件夹中。

【综合测试 4】

微课 3-32
综合测试 4
工作表编辑
计算及格式
设置

打开 Excelct 文件夹下的"Eceshi4.xlsx"工作簿，按下列要求操作。

1. 在 Sheet1 工作表中进行以下操作

（1）Sheet1 工作表的编辑、计算填充及格式设置。

① 将 Sheet1 工作表的 A1:D1 单元格合并为一个单元格，内容水平居中。

② 计算"全年总销量"，结果放在 B15 单元格中（数值型，小数位数 0 位）。

③ 计算"所占百分比"列的内容（所占百分比 = 月销量 / 全年总销量，百分比型，保留小数点后 2 位）。

④ 根据"所占百分比"填充"备注"列。若所占百分比大于或等于 8%，"备注"列为"良好"，否则"备注"列为" "（1 个空格）（使用 IF 函数）。

（2）在 Sheet1 工作表中按以下要求制作图表。

微课 3-33
综合测试 4
制作图表

① 选取"月份"列（A2:A14）和"所占百分比"列（C2:C14）的内容建立"带数据标记的折线图"，系列产生在"列"。

② 在图表上方插入图表标题为"销售情况统计图"。

③ 将图表移动到 Sheet1 工作表的 A17:F30 单元格区域内。

（3）重命名 Sheet1 工作表为"销售情况统计表"。

完成测试 4 要求后的 Sheet1 工作表如图 3-67 所示。

图 3-67   完成测试 4 要求后的 Sheet1 工作表

2. 在 Sheet2 工作表中按以下要求进行数据分析

（1）排序。根据 Sheet2 工作表中的数据，按主要关键字"季度"递增次序和次要关键字"经销部门"递减次序排序。

（2）高级筛选。根据 Sheet2 工作表中排序后的数据按下面的要求进行高级筛选。

① 条件区域位置为 A46:F47 单元格区域。

② 筛选条件为少儿类图书且销售量排名在前 20 名。

③ 在原有区域显示筛选结果。

测试 4 高级筛选条件区域及筛选结果如图 3-68 所示。

微课 3-34
综合测试 4
数据分析

	A	B	C	D	E	F	G
1	某图书销售公司销售情况表						
2	经销部门	图书类别	季度	数量（册）	销售额（元）	销售量排名	
12	第1分部	少儿类	1	765	22950	1	
13	第3分部	少儿类	2	321	9630	20	
21	第1分部	少儿类	2	654	19620	2	
26	第3分部	少儿类	3	433	12990	6	
29	第2分部	少儿类	3	543	16290	4	
32	第1分部	少儿类	3	365	10950	12	
35	第3分部	少儿类	4	432	12960	7	
39	第2分部	少儿类	4	421	12630	8	
42	第1分部	少儿类	4	342	10260	15	
45							
46	经销部门	图书类别	季度	数量（册）	销售额（元）	销售量排名	
47		少儿类				<=20	
48							

销售情况统计表　Sheet2

图 3-68　测试 4 高级筛选条件区域及筛选结果

保存工作簿至自己的文件夹中。

【综合测试 5】

打开 Excelct 文件夹下的"Eceshi5.xlsx"工作簿，按下列要求操作。

1. 在 Sheet1 工作表中进行以下操作

（1）Sheet1 工作表的编辑、计算填充及格式设置。

① 将 Sheet1 工作表的 A1:D1 单元格合并为一个单元格，内容水平居中。

② 计算"总计"行和"优秀支持率"列的内容（百分比型，保留小数点后 1 位）。

③ 按优秀支持率的递减顺序计算"优秀支持率排名"列的内容。

④ 使用"条件格式"→"数据条"→"实心填充"→"蓝色数据条"修饰 B3:B8 单元格区域。

微课 3-35
综合测试 5
工作表编辑
计算及格式
设置

（2）在 Sheet1 工作表中按以下要求制作图表。

① 选取"学生"列和"优秀支持率"列的内容建立"饼图"。

② 图表标题为"优秀支持率统计图"。

③ 图例位于左侧，为饼图添加百分比数据标签。

④ 将图表移动到 Sheet1 工作表的 A11:E25 单元格区域内。

（3）重命名 Sheet1 工作表为"优秀支持率统计表"。

完成测试 5 要求后的 Sheet1 工作表如图 3-69 所示。

微课 3-36
综合测试 5
制作图表

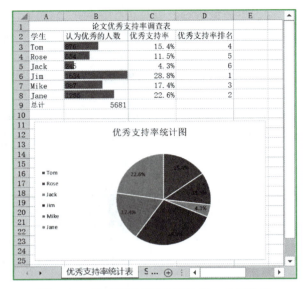

图 3-69　完成测试 5 要求后的 Sheet1 工作表

2. 在 Sheet2 工作表中按以下要求进行数据分析

建立数据透视表分析不同产品及不同分公司的销售额。

① "行"标签为"产品名称"。

② "列"标签为"分公司"。

③ 求和项为"销售额（万元）"，结果保留 2 位小数。

④ 透视表位置为现工作表的 I32:V37 单元格区域。

测试 5 建立的数据透视表如图 3-70 所示。

微课 3-37
综合测试 5
数据分析

| 求和项:销售额（万元） | 列标签 | | | | | | | | | | | |
行标签	北部1	北部2	北部3	东部1	东部2	东部3	南部1	南部2	南部3	西部1	西部2	西部3	总计
电冰箱			46.55			44.46			48.91			59.06	198.98
电视	99.46			51.98			37.68			62.89			251.99
空调		24.70			52.39			71.86			31.60		180.56
总计	99.46	24.70	46.55	51.98	52.39	44.46	37.68	71.86	48.91	62.89	31.60	59.06	631.53

图 3-70　测试 5 建立的数据透视表

保存工作簿至自己的文件夹中。

第 **4** 章

PowerPoint 2016 基本操作训练

PowerPoint 2016 是功能强大的演示文稿制作软件，可制作集文字、图形、图像、声音及视频等媒体元素为一体的演示文稿。本章先通过两个任务，对 PowerPoint 的主要功能分别进行基本训练；再通过本章的【PowerPoint 综合应用示例】及【PowerPoint 综合测试】，对 PowerPoint 的主要功能进行综合训练及测试，以达到熟练掌握、灵活使用 PowerPoint 主要功能的目的。

【任务 4.1】制作 "求职简历" 演示文稿

本任务通过制作 "求职简历" 演示文稿，练习为幻灯片添加多种对象并设置相应格式，包含两个实训项目：创建演示文稿，插入各种对象并设置格式。

【训练目的】
① 掌握创建演示文稿的方法及基本操作。
② 掌握在幻灯片中插入各种对象及设置格式的方法。

实训 4.1.1　创建演示文稿

【实训描述】
本实训重点练习演示文稿的创建。

【实训要求】
创建个人求职简历演示文稿，效果如图 4–1 所示。

① 制作 4 张幻灯片，第 1 张为标题幻灯片，第 2 张为求职意向文本内容，第 3 张和第 4 张为结束语及联系方式，插入艺术字或文本框输入相关文字。

② 以文件名 "求职简历 .pptx" 保存新建的演示文稿。

【操作要点及提示】
1. 创建演示文稿
练习过程中应特别注意创建演示文稿的不同方式及录入文字的方法。

图 4-1   实训 4.1.1 效果图

创建演示文稿操作有 3 种方法：

① 启动 PowerPoint 应用程序创建，启动 PowerPoint 后，选择"文件"选项卡，选择"新建"命令，单击"空白演示文稿"图标即可。

② 利用"模板"和"主题"创建演示文稿。

③ 在某一文件夹任意空白处鼠标右击，选择相应的快捷菜单命令创建演示文稿。

以本实训【实训要求】①为例，创建 4 张幻灯片。

步骤 1：启动 PowerPoint 程序创建演示文稿。程序将自动新建一个演示文稿，且包含 1 张标题版式的幻灯片。

步骤 2：输入标题文字。在第 1 张幻灯片中先删除 2 个标题占位符，如图 4-2 所示，选择所需艺术字类型，输入标题文字。

步骤 3：新建 3 张空白版式幻灯片。通过"开始"选项卡"幻灯片"组"新建幻灯片"命令，新建 3 张空白版式幻灯片。

步骤 4：插入文本框并输入演示文稿正文。如图 4-3 所示，在新建幻灯片中插入文本框并输入所需文字。

2. 保存演示文稿

新建演示文稿时，系统会自动指定一个文件名"演示文稿 1.pptx"，用户可根据自己需要重命名且在指定位置保存。以本任务【实训要求】②为例，将文件名重命名为"求职简历 .pptx"后保存。

制作演示文稿时，应边制作边保存，避免因意外而丢失已制作的内容。

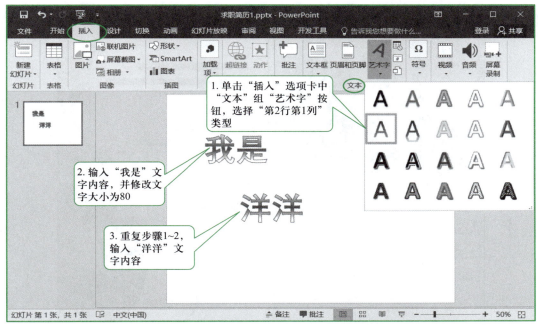

图 4-2　插入艺术字输入标题文字

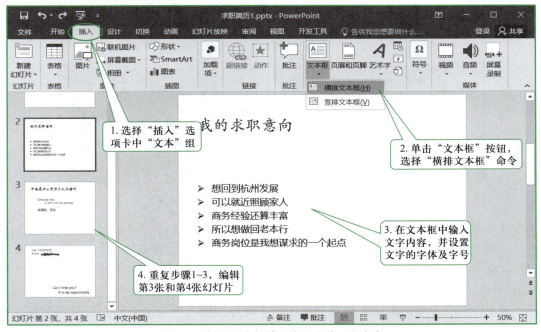

图 4-3　插入文本框输入演示文稿正文内容

实训 4.1.2　插入各种对象并设置其格式

【实训描述】

在以上"实训 4.1.1"创建的"求职简历 .pptx"演示文稿中，插入各种对象并设置其格式，效果如图 4-4 所示。

图 4-4　实训 4.1.2 效果图

【实训要求】

① 应用"平面"主题修饰幻灯片，并设置第 1 张幻灯片图片背景。

② 在第 1 张幻灯片之后插入第 2 张"标题与内容"版式的新幻灯片。根据实训素材"职业生涯 .xlsx"提供的数据插入图表。

③ 第 3 张幻灯片使用实训素材提供的"职业能力 .pptx"中第 2 张幻灯片，并按照样文将文字转换为 SmartArt 图形。

④ 根据样文，在幻灯片中插入实训素材提供的图片并进行设置。

⑤ 以文件名"求职简历 .pptx"保存演示文稿。

【操作要点及提示】

1. 设置幻灯片的主题与背景

以本实训【实训要求】①为例。

微课 4-1

主题与背景

① 应用主题设置幻灯片统一样式。如图 4-5 所示，选择"平面"主题，应用于所有幻灯片。

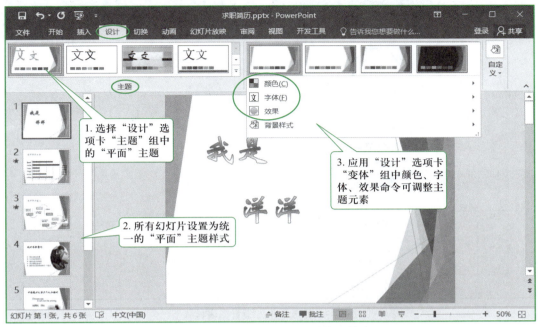

图 4-5　应用主题设置幻灯片统一样式

② 设置图片背景。选择实训素材提供的"人物 1"图片，设置为第 1 张幻灯片的背景。操作过程如图 4-6 所示。

图 4-6　图片设为幻灯片背景效果

2. 插入图表并设置样式

以本实训【实训要求】②为例，在第 2 张幻灯片中根据实训素材"职业生涯 .xlsx"文件提供的数据插入图表。如图 4-7 所示，修改对应数据，并设置图表样式。

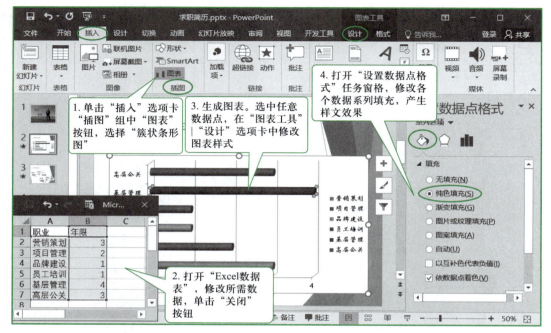

图 4-7　修改数据并设置图表样式

3. 插入 SmartArt 图形并设置样式

以本实训【实训要求】③为例。

① 插入已有幻灯片。光标定位第 2 张幻灯片之后，如图 4-8 所示，插入实训素材"职业能力 .pptx"演示文稿中的幻灯片作为第 3 张幻灯片。

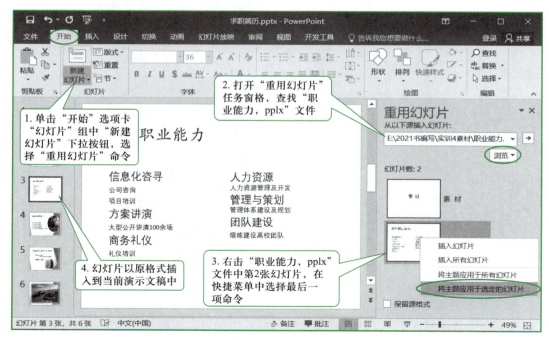

图 4-8　插入已有幻灯片

② 将文本转换为 SmartArt 图形。先设置文本的列表级别，再进行转换，如图 4-9 所示，完成所需操作。

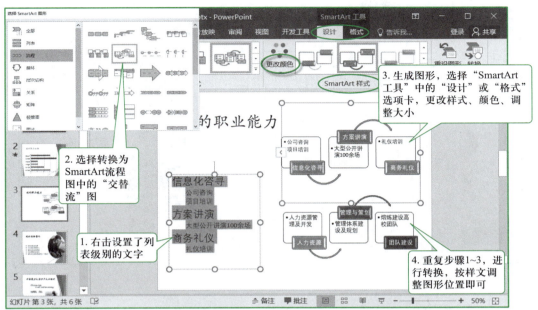

图 4-9　设置 SmartArt 图形样式

微课 4-2
设置图片格式

4. 插入图片并设置其格式

以本实训【实训要求】④为例，如图 4-10 所示，在第 4 张幻灯片中插入实训素材"人物 2"图片。如图 4-11 所示，设置图片所需样式。

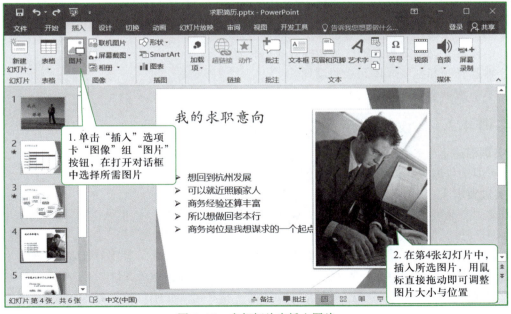

图 4-10　在幻灯片中插入图片

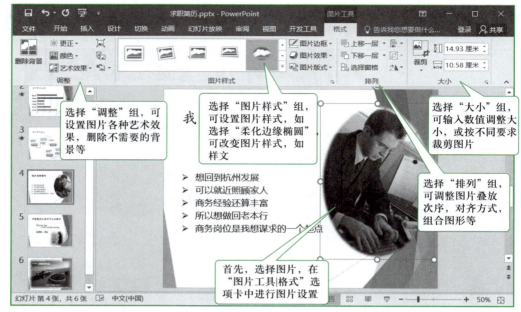

图 4-11　设置图片格式

【任务 4.2】制作 "产品发布" 演示文稿

本任务通过制作 "产品发布" 演示文稿，练习为幻灯片添加媒体元素，设置动态效果，建立超链接形成互动等内容。本任务包含 2 个实训项目：设计 "产品发布" 基本内容，设置动画及媒体元素。

【训练目的】

① 掌握图形和图片的格式设置。

② 掌握应用动作按钮设置超链接形成目录。

③ 掌握对象动画效果及幻灯片切换效果的设置。

④ 熟悉音频和视频媒体元素的设置。

⑤ 掌握演示文稿的放映设置。

实训 4.2.1　设计 "产品发布" 基本内容

【实训描述】

本实训重点练习媒体元素的添加，动态效果的设置，超链接的建立。

【实训要求】

创建 "产品发布" 演示文稿，输入每张幻灯片的基本内容。效果如图 4-12 所示。所需图片在实训素材文件夹中。

① 制作 6 张幻灯片，幻灯片大小设置为宽屏，利用母版插入背景图片及动作按钮。

② 第 1 张为标题幻灯片，利用图片做背景，标题文字为镂空效果。

③ 其他幻灯片按照样图添加文字及图片（第 5 张和第 6 张幻灯片不插入图片）。

④ 第 2 张幻灯片设置互动目录。

⑤ 以文件名"产品发布 .pptx"保存新建的演示文稿。

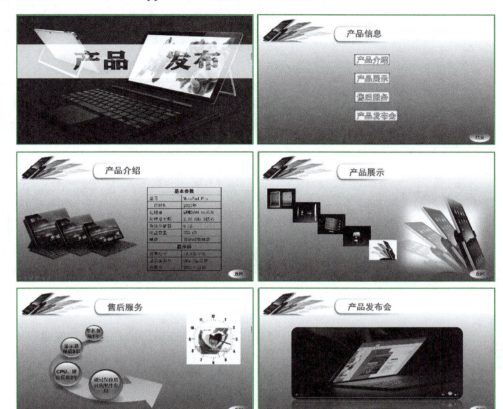

图 4-12　产品发布效果图

【操作要点及提示】

1. 利用母版插入背景图片及动作按钮

以本实训【实训要求】①为例，应用母版设置统一风格。

（1）设置幻灯片大小为宽屏

在"设计"选项卡"自定义"组中，单击"幻灯片大小"下拉按钮，在下拉列表中选择"宽屏（16：9）"项。

（2）应用母版设置幻灯片统一背景及按钮

操作步骤如图 4-13 所示。

微课 4-3
应用母版

（3）应用"幻灯片母版"注意事项

① 设置顺序。在制作演示文稿时，应首先设计"幻灯片母版"，以满足大多数具有相同内容要求的幻灯片；然后再在"普通视图"下，添加并编辑每张幻灯片具体内容。

② 设计"幻灯片母版"。在"幻灯片母版"视图中，当需要在多数幻灯片中添加相同内容时，应在第 1 张较大的幻灯片母版中进行设计，会影响到下面所有版式母版；第 2 张是标题版式（相当于幻灯片封面），一般应单独设计；其他版式母版也可单独设计。

③ 新增幻灯片。新增幻灯片与母版中对应版式母版具有相同的样式。如新增幻灯片是"标题"版式，则与母版中第 2 张标题版式母版有相同样式。

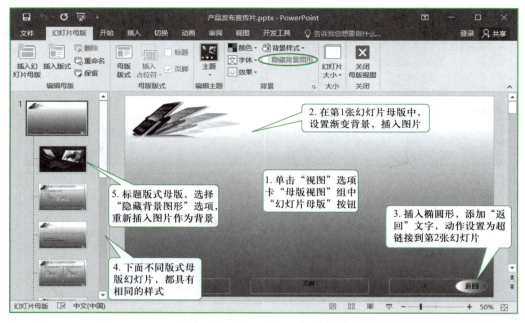

图 4-13　应用母版统一修改设置

微课 4-4
制作镂空
文字

④ 修改"母版"。在"幻灯片母版"视图中编辑的内容在"普通视图"下不能被修改；需返回"幻灯片母版"视图才能编辑修改。

2. 制作镂空效果的标题文字

以本实训【实训要求】②为例，应用合并形状设置文字的镂空效果，操作步骤如图 4-14 所示。

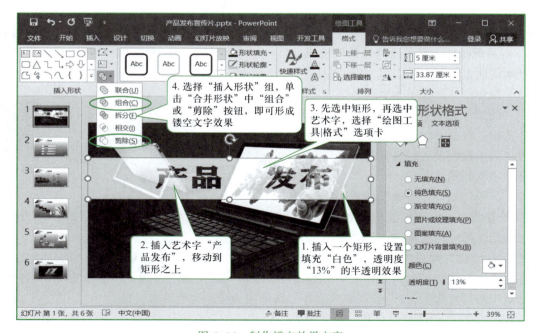

图 4-14　制作镂空效果文字

3. 设置互动目录

以本实训【实训要求】④为例，在第 2 张幻灯片中应用超链接设置目录。操作步骤如图 4-15 所示。

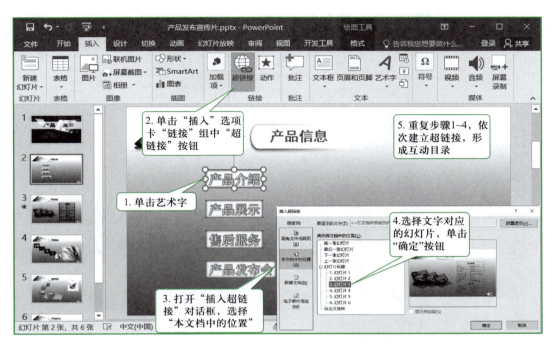

图 4-15　设置互动目录

实训 4.2.2　设置动画及媒体元素

【实训描述】

在"实训 4.2.1"创建的"产品发布 .pptx"演示文稿基础上，丰富其内容，设置动画，添加各类媒体元素，使演示文稿更具吸引力。所需图片及文件在实训素材文件夹中选择。

【实训要求】

① 第 3 张幻灯片中设置表格的"淡出"出现效果和"缩放"退出效果。

② 第 4 张幻灯片中应用触发器设置单击小图，大图出现、持续再消失的动画效果。

③ 第 1 张幻灯片中插入演示文稿播放时的背景音乐。

④ 第 5 张幻灯片中插入一个 Flash 文件。

⑤ 第 6 张幻灯片中插入一个视频文件并设置视频封面。

⑥ 设置全部幻灯片的切换效果为随机线条。

⑦ 设置幻灯片的放映方式为"在展台浏览（全屏幕）"。

⑧ 以文件名"产品发布 .pptx"保存演示文稿。

【操作要点及提示】

1. 应用触发器设置动画

以本实训【实训要求】②为例，应用触发器设置动画效果。利用"选择"任

微课 4-5
触发器设置
动画

务窗格（单击"开始"选项卡"编辑"组中"选择"按钮，从下拉列表中选择"选择窗格"命令，则打开该窗格）选择图片（因大图叠放在一起），可依次设置图片的触发效果。一张图的触发效果设置操作步骤如图 4-16 和图 4-17 所示。

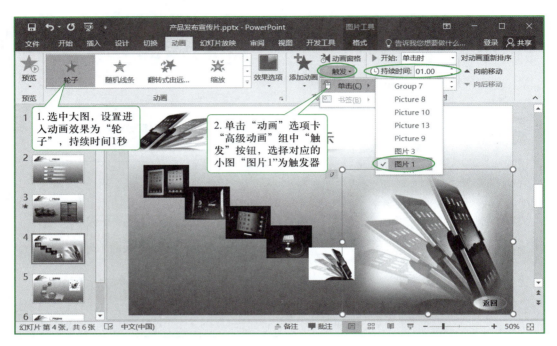

图 4-16　触发器动画效果设置 1

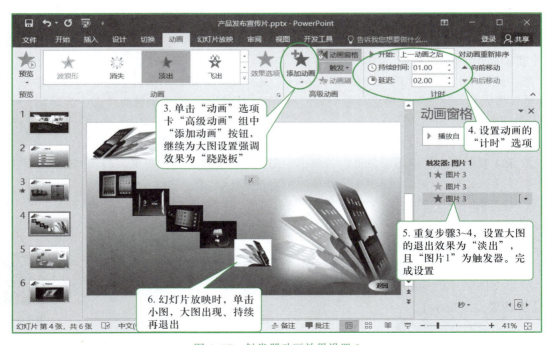

图 4-17　触发器动画效果设置 2

2. 插入背景音乐

以本实训【实训要求】③为例，设置演示文稿的背景音乐。操作步骤如图 4-18 所示。

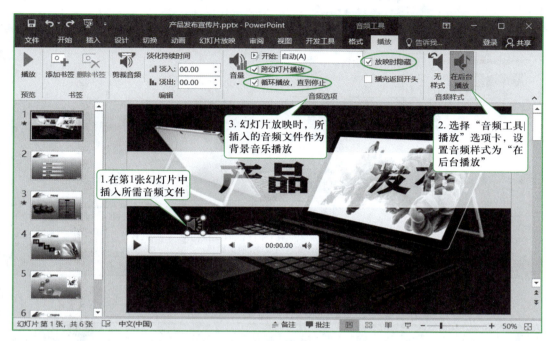

图 4-18　设置背景音乐（注释 2 中去掉"样式"）

PowerPoint 常用的 6 种嵌入式音频文件类型：

① AIFF 音频文件，扩展名为 aiff（音频交换文件格式）。

② AU 音频文件，扩展名为 au（UNIX 音频）。

③ MIDI 音频文件，扩展名为 mid 或 midi（乐器数字接口）。

④ MP3 音频文件，扩展名为 mp3（MPEG Audio Layer 3 编解码器压缩）。

⑤ Windows 音频文件，扩展名为 wav（波形格式）。

⑥ Windows Media Audio 音频文件，扩展名为 wma（Microsoft Windows Media Audio 编解码器压缩）。

3. 插入 Flash 文件

如果安装了 QuickTime 和 Adobe Flash 播放器，PowerPoint 将支持 QuickTime（mov、mp4）和 Adobe Flash（swf）文件。以本实训【实训要求】④为例，在第 5 张幻灯片中插入 Flash 文件，操作步骤如图 4-19 所示。

4. 插入视频文件

以本实训【实训要求】⑤为例，在第 6 张幻灯片中插入一个视频文件，操作步骤如图 4-20 所示。

PowerPoint 常用的 5 种嵌入式视频文件类型：

① Adobe Flash Media 视频文件，扩展名为 swf 或 flash（视频文件格式）。

② Windows Media 视频文件，扩展名为 asf（高级流格式）。

微课 4-6
插入 Flash
文件

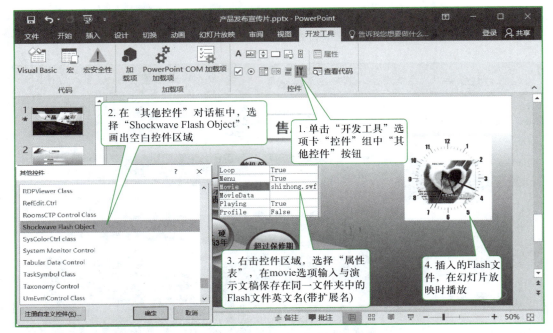

图 4-19　插入 Flash 文件

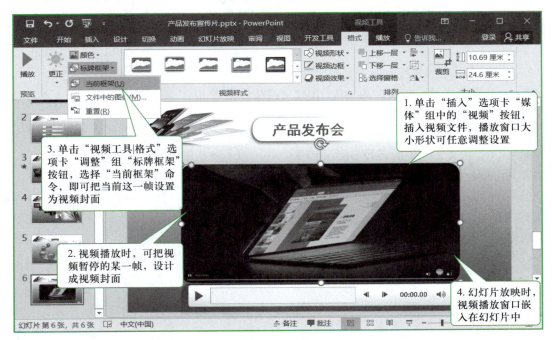

图 4-20　插入视频文件

③ Windows 视频文件，扩展名为 avi（音频视频交错）。

④ 电影文件，扩展名为 mpg 或 mpeg（运动图像专家组）。

⑤ Windows Media Video 视频文件，扩展名为 wmv（编解码器压缩音频和视频格式）。

【PowerPoint 综合应用示例】

通过本综合应用示例对 PowerPoint 的主要功能进行综合应用，以达到熟练、灵活使用 PowerPoint 主要功能的目的。

【示例描述】

打开 PPT 实训素材文件夹下的演示文稿 yswg.pptx，按照下列要求完成对此文稿的修饰并保存。效果如图 4-21 所示。

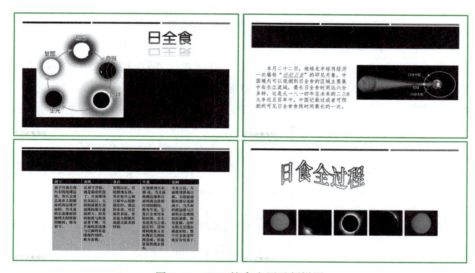

图 4-21　PPT 综合应用示例样图

【操作要求】

① 幻灯片大小为宽屏（16：9）。第 4 张幻灯片的版式修改为"两栏内容"，文本设置为"21 磅，仿宋"，将第 1 张幻灯片的图片移动到第 4 张幻灯片的内容区。

② 第 1 张幻灯片的版式修改为"标题和内容"，内容区插入 2 行 5 列的表格。第 1 行的第 1 列～第 5 列依次录入"初亏""食既""食甚""生光"和"复圆"。将第 2 张幻灯片的第 1 段～第 5 段文本依次移到表格第 2 行的第 1 列～第 5 列，并设置第 2 列文本全为 16 磅。

③ 移动第 4 张幻灯片，使之成为第 1 张幻灯片。删除第 3 张幻灯片。

④ 在第 1 张幻灯片文本"世纪日食"上设置超链接，链接对象是本文档的第 3 张幻灯片。

⑤ 第 3 张幻灯片插入艺术字，样式为第 3 行第 2 列，文字内容为"日食全过程"，设置形状为"双波形 1"，艺术字位置中水平位置 4 厘米，自：左上角，垂直位置：3 厘米，从：左上角。艺术字的动画为"弹跳"进入效果。

⑥ 将"日全食 .pptx"演示文稿中的幻灯片插入本演示文稿中（使用目标主题），使之成为第 1 张幻灯片。

⑦ 使用"红利"主题模板修饰全文，全部幻灯片切换效果为"闪耀"。

【操作步骤】

步骤 1：设置幻灯片大小为宽屏（16：9）。选中第 4 张幻灯片，在"开始"选项卡"幻灯片"组中，单击"版式"按钮，在下拉列表中选择"两栏内容"

微课 4-7
宽屏设置

项。选中左侧的内容区，在"开始"选项卡"字体"组中将字体设置为仿宋、21 磅。

步骤 2：选中第 1 张幻灯片中的图片，在"开始"选项卡"剪贴板"组中，单击"剪切"按钮；再回到第 4 张幻灯片，单击右侧的内容区，在"开始"选项卡"剪贴板"组中，单击"粘贴"按钮。

步骤 3：选中第 1 张幻灯片，在"开始"选项卡"幻灯片"组中，单击"版式"按钮，在下拉列表中选择"标题和内容"。单击内容区的"插入表格"按钮，在打开的"插入表格"对话框中输入 2 行 5 列，并单击"确定"按钮完成表格的插入。

步骤 4：在表格的第 1 行的第 1 列 ~ 第 5 列依次录入"初亏""食既""食甚""生光"和"复圆"。然后利用剪贴板依次将第 2 张幻灯片的第 1 段 ~ 第 5 段文本依次移到表格第 2 行的第 1 列 ~ 第 5 列；选中表格的第 2 行，在"开始"选项卡"字体"组中将字体设置为 16 磅。

步骤 5：选中第 4 张幻灯片，按住鼠标左键不放拖动至第 1 张幻灯片之前释放左键，使其成为第 1 张幻灯片；选中第 3 张幻灯片，按 Del 键将幻灯片删除。

步骤 6：选中第 1 张幻灯片中的文字"世纪日食"，单击"插入"选项卡"链接"组中的"超链接"按钮，打开"插入超链接"对话框。在对话框的左侧窗格内选择"本文档中的位置"项，接下来到右侧窗格中选择"幻灯片 3"。单击"确定"按钮关闭对话框。

步骤 7：选中第 3 张幻灯片，在"插入"选项卡"文本"组中，单击"艺术字"按钮，在下拉列表框中选择样式为第 3 行第 2 列。此时在幻灯片上将出现艺术字编辑区，输入文字"日全食过程"。

步骤 8：选中艺术字，在"设置形状格式"任务窗格，选择"形状选项"→"大小与属性"，将"位置"设置为"水平位置：4 厘米，从：左上角，垂直位置：3 厘米，从：左上角"。单击"艺术字样式"组中的"文本效果"按钮，在下拉列表中选择"转换"项，在其中选择"双波形 1"样式。

步骤 9：选中艺术字，在"动画"选项卡"动画"组中单击"其他"下拉按钮，在下拉列表中选择"更多进入效果"命令，在打开的"更改进入效果"对话框中选择"弹跳"项。

步骤 10：光标定位到第 1 张幻灯片之前，在"开始"选项卡"幻灯片"组中，单击"新建幻灯片"按钮，在下拉列表中选择"重用幻灯片"命令，在右侧任务窗格中选择"日全食 .pptx"演示文稿，右击预览的第 1 张幻灯片，在快捷菜单中选择"插入幻灯片"命令，即可使用目标主题粘贴该幻灯片，使之成为本演示文稿的第 1 张幻灯片。

步骤 11：在"设计"选项卡"主题"组中，选择"主题"样式列表中"红利"主题，即将此主题样式应用到全部幻灯片中。

步骤 12：在"切换"选项卡"切换到此幻灯片"组中，选择"闪耀"切换样式，再单击"效果选项"按钮并在下拉列表中选择"从下方闪耀的菱形"样式，再单击"计时"组中的"全部应用"按钮，即将此切换样式应用到全部幻灯片中。

【 PowerPoint 综合测试 】

【综合测试 1】

打开 PPT 实训素材文件夹下的演示文稿 yswg1.pptx，按照下列要求完成对此文稿的修饰并保存。

1. 将第 4 张幻灯片的版式修改为"两栏内容",文本设置为 17 磅,将第 2 张幻灯片的图片移动到第 4 张幻灯片的内容区域。移动第 1 张幻灯片,使之成为第 4 张幻灯片。第 1 张幻灯片插入样式为"2 行 1 列"的艺术字"我国多个城市调整行政区划",形状为转换"腰鼓",水平位置:5.7 厘米,自:左上角,垂直位置:6.2 厘米,从:左上角。艺术字的动画设置为强调效果"放大 / 缩小""150% 垂直"。在忽略母版背景图形的情况下,将第 1 张幻灯片的背景设置为"水滴"纹理。在第 2 张幻灯片的"调整行政区划"文本上设置超链接,链接对象是本文档的第 4 张幻灯片。

微课 4-8
综合测试 1
艺术字设置

2. 设置母版,除第 1 张幻灯片外,其他幻灯片的左下角(水平位置:3.0 厘米,从:左上角。垂直位置:17.4 厘米,从:左上角。)均出现文本"调整行政区划",且文本大小为带下画线的 17 磅。第 2 张幻灯片的切换效果为"时钟"。

【综合测试 2】

打开 PPT 实训素材文件夹下的演示文稿 yswg2.pptx,按照下列要求完成对此文稿的修饰并保存。

1. 第 1 张幻灯片的版式改为"两栏内容",将第 2 张幻灯片的图片移到第 1 张幻灯片的右侧图片区域,图片部分动画设置为进入"轮子"效果"3 轮辐图案"。在第 1 张幻灯片前插入一张新幻灯片,幻灯片版式为"仅标题",在标题区域输入"十大科技问题",其字体设置为黑体、加粗、54 磅、红色(可使用自定义标签的红色 247、绿色 0、蓝色 0)。背景设置填充图案为"小纸屑"。将第 3 张幻灯片的版式改为"内容与标题",文本字号设置为 20 磅。

微课 4-9
综合测试 2
背景填充
图案

2. 移动第 3 张幻灯片使之成为第 2 张幻灯片。全部幻灯片切换效果为"溶解",放映方式设置为"观众自行浏览(窗口)"。

【综合测试 3】

打开 PPT 实训素材文件夹下的演示文稿 yswg3.pptx,按照下列要求完成对此文稿的修饰并保存。

1. 第 2 张幻灯片版式修改为"两栏内容",右侧栏中插入第 3 张幻灯片的图片,左侧栏文本位置录入"游泳世锦赛奖牌榜",设置其字体为黑体,33 磅,加粗,颜色为红色(可使用自定义标签的红色 245、绿色 0、蓝色 0)。标题动画设置为进入"飞入",效果为"自顶部",图片动画设置为进入"飞入",效果"自右侧"。文本动画设置为进入"飞入",效果"自左侧"。动画顺序为先标题,后文本,最后图片。在第 1 张幻灯片的下方插入表 4-1。在第 1 张幻灯片前插入新幻灯片,版式为"空白",并插入样式为"3 行 3 列"的艺术字"中国体育的腾飞"(水平位置:5.6 厘米,从:左上角,垂直位置:3.8 厘米,从:左上角)。

微课 4-10
综合测试 3
插入表格

表 4-1 奖 牌 榜

国家	金牌	银牌	铜牌
中国队	11	7	11

2. 删除第 4 张幻灯片,并使用"木材纹理"主题修饰全文。

【综合测试 4】

打开 PPT 实训素材文件夹下的演示文稿 yswg4.pptx，按照下列要求完成对此文稿的修饰并保存。

微课 4-11
综合测试 4
动画顺序
调整

1. 在第 1 张幻灯片前插入一张版式为"标题和内容"的幻灯片，并插入样式为"3 行 2 列"的艺术字"奇妙的日食"（水平位置：7.6 厘米，从：左上角，垂直位置：5.6 厘米，从：左上角），幻灯片下方区域插入第 4 张幻灯片的图片，设置其动画效果为进入"飞入"，效果"自右侧"。第 2 张幻灯片的版式修改为"两栏内容"，并将第 3 张幻灯片的图片移到右侧区域，图片的动画设置为进入"飞入"，效果"自底部"，文本动画设置为进入"飞入"，效果"自左侧"，标题动画设置为进入"飞入"，效果"自顶部"，动画出现顺序为先标题，后文本，最后图片。第 3 张幻灯片文本的字体设置为黑体，29 磅，加粗，颜色为蓝色（请用自定义标签的红色 0、绿色 0、蓝色 250）。删除第 4 张幻灯片。

2. 使用"丝状"主题修饰全文，全部幻灯片切换效果为"切出"。

【综合测试 5】

打开 PPT 实训素材文件夹下的演示文稿 yswg5.pptx，按照下列要求完成对此文稿的修饰并保存。

微课 4-12
综合测试 5
放映方式
设置

1. 在第 1 张幻灯片前面插入一张幻灯片，其版式为"空白"，并插入样式为"2 行 3 列"的艺术字"电视媒体传播文化"（水平位置：4.8 厘米，从：左上角，垂直位置：2.9 厘米，从：左上角）。将第 2 张幻灯片的版式修改为"两栏内容"，左侧文本的字体设置为"仿宋"，字号为 24 磅，加粗。将第 4 张幻灯片的版式修改为"两栏内容"，将第 3 张幻灯片的图片移动到第 4 张幻灯片的右栏区域，图片的动画设为进入"飞入"，效果"自顶部"。

2. 删除第 3 张幻灯片，使用"天体"主题修饰全文，全部幻灯片切换效果为自顶部"推进"。放映方式设置为"在展台浏览（全屏幕）"。

第 *5* 章

Internet 基本应用操作训练

使用浏览器浏览网页和使用 Web mail 收发电子邮件，是 Internet 的两个最基本应用。本章先通过两个典型任务，重点训练网页的浏览、浏览器的常用设置、网页的保存、网络资源的搜索和下载、电子邮件的收发以及邮箱中文件的管理等内容；再通过本章的【Internet 基本应用综合示例】及【Internet 基本应用综合测试】进行综合训练及测试，以达到熟练掌握 Internet 应用基本操作的目的。

Internet 基本应用操作训练

PPT

【任务 5.1】浏览网页与搜索信息

使用浏览器浏览网页是 Internet 最基本、最广泛的应用之一。本任务包含 4 个实训项目：进行浏览器常用设置，浏览网页及保存信息，收藏夹操作，使用搜索引擎搜索信息。

【训练目的】

① 熟练浏览网页及进行浏览器常用设置。

② 熟练保存网页信息。

③ 熟练进行"收藏夹"相关操作。

④ 熟练使用搜索引擎搜索信息。

实训 5.1.1　进行浏览器常用设置

【实训描述】

以 Microsoft Edge 浏览器为例，进行浏览器常用设置。

【实训要求】

① 打开及浏览网页。

② 将当前页设置为 Microsoft Edge 主页。

③ 设置要打开的网页不显示图片、播放动画和声音等。

【操作要点及提示】

对浏览器进行常用设置的主要步骤：在 Microsoft Edge 浏览器的"设置"对话框中按需要

微课 5-1

进行浏览器
常用设置实
训要求

进行设置（以下操作均在此设置）。

1. 打开及浏览网页

在浏览器"地址栏"输入网页的 URL 地址（如 http://www.hbcit.edu.cn），浏览器就会在 Internet 上找到该网页并显示出来。单击网页上的某个链接可打开相应的网页，如图 5-1 所示。

图 5-1　启动浏览器，输入网址，打开网页

2. 设置主页

设置主页，可方便用户将浏览器直接定位到自己感兴趣的网站。例如，将百度（https://www.baidu.com）设置为浏览器主页，操作如图 5-2 所示。

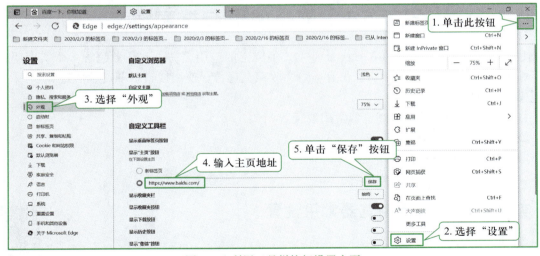

图 5-2　利用工具栏按钮设置主页

> 📖 提示：
>
> ① 如果计算机安装有《360 安全卫士》软件，有时设置主页会不起作用。这是因为《360 安全卫士》的"系统修复"模块有一个"锁定主页"功能，设置为"锁定主页"后，则无论采用哪种方法设置主页都不起作用，只有在《360 安全卫士》中对主页解锁后，再设置主页才会生效。
>
> ② 为安全起见，设置好主页后，最好再次使用《360 安全卫士》将主页锁定，防止恶意网站篡改主页。

3. 减少网页下载信息设置

减少网页下载信息（如图片、播放视频和声音等），可加快网页访问速度。

① 不显示图片。例如，以本实训【实训要求】③为例，通过单击浏览器工具栏上的"设置"按钮，打开"设置"对话框，操作如图 5-3 所示。

图 5-3　设置不显示图片

② 不自动播放音频或视频。例如，以本实训【实训要求】③为例，通过单击浏览器工具栏上的"设置"按钮，打开"设置"对话框，操作如图 5-4 所示。

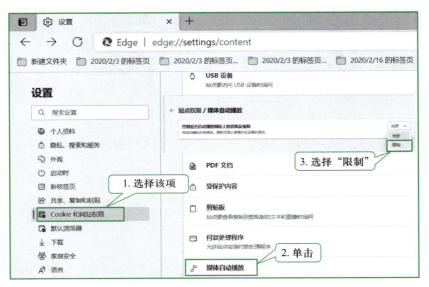

图 5-4　设置不自动播放视频或音频

实训 5.1.2　浏览网页及保存信息

【实训描述】

打开要浏览的网页，将网页内容保存在本地计算机上。

【实训要求】

① 打开河北工业职业技术学院主页（http://www.hbcit.edu.cn）并保存当前网页。

② 浏览一条新闻，选择部分文本保存在本地。

微课 5-2
浏览网页及
保存信息实
训要求

③ 打开一个含有图片的网页，保存图片。

④ 将刚浏览的新闻链接保存成一个链接页。

【操作要点及提示】

本任务主要练习网页浏览及网页不同元素的下载与保存。浏览和保存网页元素过程中须注意以下问题。

1. 保存网页

将整个网页内容保存到本地。以本实训【实训要求】①为例，操作如图 5-5 所示。

图 5-5　保存网页

2. 保存网页中的文本

将网页中的部分文本保存到本地，分为复制、粘贴两个步骤。以本实训【实训要求】②为例，复制文本操作如图 5-6 所示；要粘贴文本，首先新建一个 Word 文档，然后在功能区单击"开始"选项卡"粘贴"组中的"粘贴"按钮，将文本保存到文档中。

图 5-6　利用复制、粘贴功能复制网页中的文字

3. 保存网页中的图片

将网页中的图片保存到本地。以本实训【实训要求】③为例，操作如图 5-7 所示。

4. 保存链接页

以单独文件形式保存链接页。以本实训【实训要求】④为例，操作如图 5-8 所示。

实训 5.1.3　收藏夹操作

【实训描述】

浏览网页，将当前 Web 页的 URL 地址添加到收藏夹中并规范整理收藏夹。

【实训要求】

① 打开河北工业职业技术学院主页并收藏本页。

② 使用收藏夹打开河北工业职业技术学院主页。

③ 在收藏夹中新建"学院首页"文件夹，将河北工业职业技术学院主页网址移动到里面。

【操作要点及提示】

1. 建立和使用收藏夹

以本实训【实训要求】①为例，打开 Web 页，然后进行收藏，具体操作如图 5-9 所示。

在浏览网页时，打开"收藏夹"菜单，即可从"收藏夹"中选择要浏览的 Web 页，达到快速打开网页的目的。

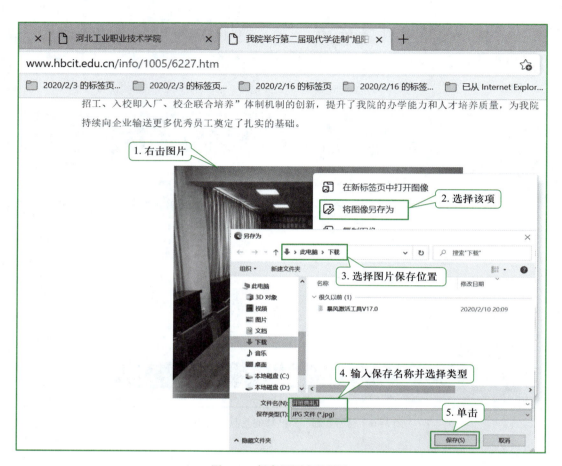

图 5-7　保存网页中的图片

图 5-8　以单独文件形式保存链接页

图 5-9　收藏网页

2. 整理收藏夹

以本实训【实训要求】③为例，在"收藏夹"中新建文件夹"学院首页"，操作如图 5-10 中注释 1~ 注释 3 所示。将"河北工业职业技术学院"URL 地址移动到"学院首页"中，操作如图 5-10 中注释 4 所示。

图 5-10　整理收藏夹

实训 5.1.4   使用搜索引擎搜索信息

【实训描述】

使用搜索引擎进行信息搜索。

【实训要求】

① 用百度搜索"河北工业职业技术学院"相关信息。

② 利用新浪网分类搜索功能搜索"计算机应用基础"相关学习资料。

【操作要点及提示】

本实训主要练习利用搜索引擎进行关键字搜索和分类搜索。下面的操作以百度搜索引擎为例。

1. 利用关键字搜索

使用关键字搜索，这是最常用的方法。

方法：使用普通方法进行关键字搜索。以本实训【实训要求】①为例，操作如图 5-11 所示。

(a)

(b)

图 5-11   利用关键字搜索信息

2. 分类搜索

"分类搜索"是按照搜索引擎做好的网站分类表，逐级单击进入搜索。以本实训【实训要求】②为例，打开新浪网主页并搜索相关内容，操作如图 5-12 所示。

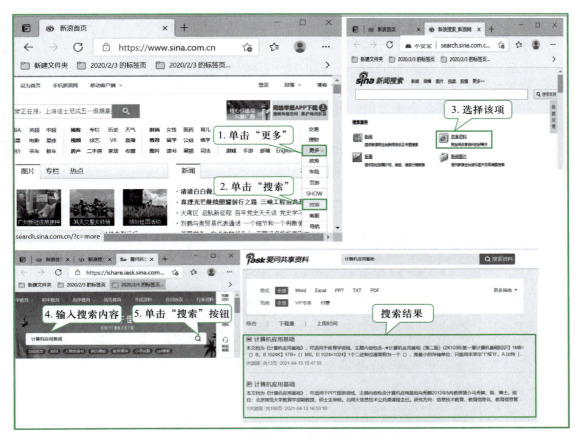

图 5-12　利用新浪分类搜索进行搜索

【任务 5.2】收发电子邮件

电子邮件是 Internet 的基本应用之一。本训练包含两个实训项目：撰写与收发电子邮件，管理电子邮箱文件及文件夹。

【训练目的】

① 熟练掌握撰写电子邮件操作。

② 熟练掌握收发电子邮件操作。

③ 熟练掌握管理电子邮箱文件及文件夹操作。

实训 5.2.1　撰写与收发电子邮件

【实训描述】

练习撰写与收发电子邮件。

【实训要求】

① 登录电子邮箱并发送邮件。

② 接收邮件。

③ 回复电子邮件。

④ 转发电子邮件。

【操作要点及提示】

本任务主要练习电子邮件的收发。下面的操作以网易邮箱（http://www.126.com）为例。

1. 撰写并发送电子邮件

以本实训【实训要求】①为例，在浏览器地址栏输入 http://www.126.com，打开 126 邮箱首页，输入账号和密码登录邮箱，撰写并发送邮件的操作过程如图 5-13 所示。如果单击"抄送"按钮，系统会自动添加"抄送人"标签和"抄送人"地址栏，在"抄送人"地址栏输入抄送地址，即在发送邮件的同时又抄送一份发送给了另外一个邮箱的抄送人。

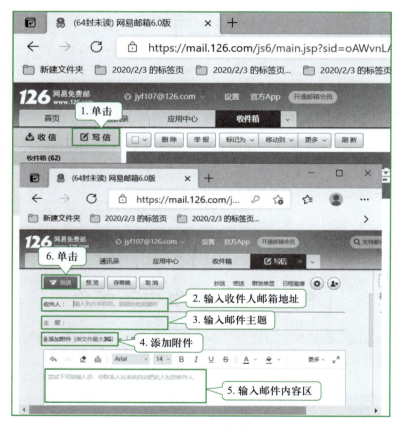

图 5-13   发送电子邮件操作

2. 接收邮件

以本实训【实训要求】②为例，登录邮箱，即可接收邮件，如果接收到的邮件中有附件，要下载附件，其操作如图 5-14 所示。

图 5-14　接收电子邮件

3. 回复电子邮件

"回复"电子邮件是指将回信发往原发件人。同时还可以选择"回信"中是否包含发件人的原始邮件文本。以本实训【实训要求】③为例，回复邮件操作如图 5-15 所示：直接单击"回复"按钮（如图 5-15 中"方法 1"所示）或在"回复全部"下拉菜单中选择一项（如图 5-15 中"方法 2"所示），即可回复邮件。

图 5-15　回复电子邮件

4. 转发电子邮件

"转发"邮件可将电子邮件转发给第三者，以实现信息共享。以本实训【实训要求】④为例，在"收件箱"中选择要"转发"的电子邮件，如图 5-16 所示，在"转发"下拉菜单中选择一项，即可转发电子邮件。

图 5-16　转发电子邮件

实训 5.2.2　管理电子邮箱文件及文件夹

【实训描述】

管理电子邮箱中的文件 / 文件夹。

【实训要求】

① 删除"收件箱"中一封邮件。

② 将"收件箱"中的某一邮件设置为置顶。

③ 将"收件箱"中的某一邮件移动到新建文件夹中。

④ 管理已发送邮件。

⑤ 管理已删除邮件。

⑥ 管理"草稿箱"文件夹。

【操作要点及提示】

本实训主要管理电子邮箱文件。下面的操作以网易 126 邮箱为例。

1. 管理"收件箱"中的文件

① 删除邮件。以本实训【实训要求】①为例，删除收件箱中已收邮件，其操作如图 5-17 所示。

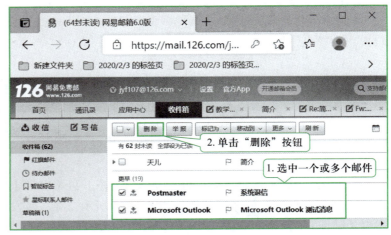

图 5-17　"收件箱"删除电子邮件

② 置顶邮件。以本实训【实训要求】②为例，置顶邮件操作如图 5-18 所示。

图 5-18　"收件箱"置顶操作

③ 移动电子邮件。以本实训【实训要求】③为例，移动电子邮件操作如图 5-19 所示。

图 5-19　将"收件箱"中的邮件移动到新建的"邮件 2021"文件夹中

2. 管理"已发送"文件夹中的文件

以本实训【实训要求】④为例，操作如图 5-20 所示。

3. 管理"已删除"文件夹中的文件

以本实训【实训要求】⑤为例，操作如图 5-21 所示。

4. 管理"草稿箱"文件夹中的文件

以本实训【实训要求】⑥为例，操作如图 5-22 所示。

图 5-20　管理已发送文件夹中的文件

图 5-21　管理已删除文件夹中的文件

图 5-22　管理"草稿箱"文件夹中的草稿文件

【Internet 基本应用综合示例】

通过本综合应用示例系统复习 Internet 基本应用操作步骤，全面总结 Internet 基本应用操作技巧，以达到熟练掌握 Internet 基本应用的目的。

【综合应用示例 1】

【示例描述】浏览网页，设置主页，将主页添加到收藏夹，下载网页并另存到本地，下载图片并另存到本地，搜索网页并下载到本地。

【操作要求 1】

以"中国高职高专教育网"（https://www.tech.net.cn/web/index.aspx）为例：

① 将"中国高职高专教育网"首页设置为主页。

② 以"中国高职高专教育网"为名字，将该网址添加到收藏夹。

③ 在"中国高职高专教育网"网站的"重要资讯"板块找到"让青春在奉献中焕发绚丽光彩"的新闻页面，将该页面以"让青春在奉献中焕发绚丽光彩 .htm"为文件名"另存为"到 D 盘。

【操作步骤】

（1）设置主页

打开 IE 浏览器，在地址栏输入网址 https://www.tech.net.cn/web/index.aspx，然后进行主页设置，具体如图 5-23 所示。

图 5-23　设置主页

（2）将主页添加到收藏夹

打开 IE 浏览器，在地址栏输入网址 https://www.tech.net.cn/web/index.aspx，将该页添加到收藏夹，具体操作如图 5-24 所示。

图 5-24   添加网页到收藏夹

（3）搜索并下载网页

① 定位新闻网页，具体操作如图 5-25 所示。在"中国高职高专教育网"页面"重要资讯"栏中单击"要闻"超链接，打开"要闻"列表，找到"让青春在奉献中焕发绚丽光彩"新闻标题，单击标题打开新闻浏览页。

图 5-25   定位新闻网页

② 保存网页，操作如图 5-26 所示。

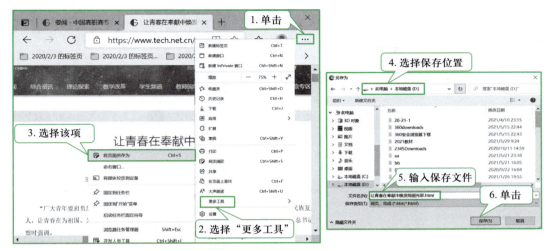

图 5-26　保存新闻网页操作

【操作要求 2】

打开百度（http://www.baidu.com）主页进行如下操作：

① 将其页面上的百度标志图片另存到 D 盘 Internetlx 文件夹下，并命名为"百度 .gif"。

② 搜索并下载"腾讯 QQ"，保存到"D:\Internetlx"。

【操作步骤】

（1）下载并保存图片（操作如图 5-27 所示）

打开浏览器，在地址栏输入网址 http://www.baidu.com，右击百度标志图片，在快捷菜单中选择"将图像另存为"命令，打开"另存为"对话框，选择保存路径"D:\Internetlx"，输入文件名"百度 .gif"，单击"保存"按钮，完成网页图片保存操作。

图 5-27　保存网页图片

（2）搜索文件并下载（操作如图 5-28 所示）

打开浏览器，在百度主页的搜索文本框中输入"腾讯 QQ"，单击"百度一下"按钮，打开一条搜索结果记录，单击"立即下载"按钮，系统将会自动下载软件。

图 5-28　搜索并下载文件

【综合应用示例 2】

【示例描述】

发送邮件，下载并另存附件，回复并抄送邮件，转发邮件。

【操作要求 1】

向 two@126.com 邮箱发一封邮件，主题为"欢迎新同学"。邮件内容为"欢迎进入大学校园继续学习。"

【操作步骤】

① 撰写邮件。登录邮箱，单击"写信"按钮，分别设置收件人为"two@126.com"，主题为"欢迎新同学"，邮件内容为"欢迎进入大学校园继续学习。"完成邮件的撰写。

② 发送邮件。检查收件人邮箱地址和邮件内容，确认无误后单击"发送"按钮完成邮件的发送。操作如图 5-29 所示。

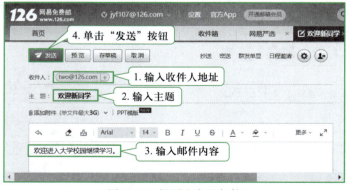

图 5-29　撰写和发送邮件

【操作要求 2】

① 下载"附件"。将收到邮件中名为"部门简介"的附件另存到 D 盘 Internetlx 文件夹中。

② 回复并抄送邮件。将"邮件已收到"作为回复邮件内容，回复邮件并抄送 four@126.

com，回复邮件中要求带有原邮件的内容。

③ 将邮件转发给 two@126.com。

【操作步骤】

① 下载邮件附件，操作如图 5-30 所示。登录 126 邮箱，打开名称为"简介"的邮件，将鼠标移动到附件上方，单击"下载"超链接，在窗口的工具栏中单击"下载"按钮，能够查看到下载的文件，右击文件，在快捷菜单中选择"另存为"命令，在对话框中选择保存路径"D:\Internetlx"，输入文件名"部门简介"，完成邮件附件的下载。

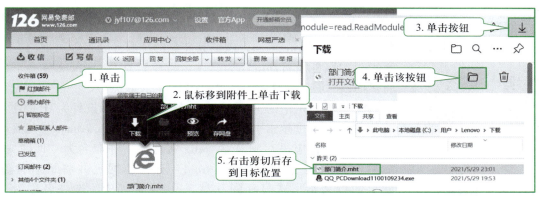

图 5-30　下载已收邮件中的附件

② 回复邮件并抄送邮件，操作如图 5-31 所示。打开已收到邮件，单击"回复全部"下拉

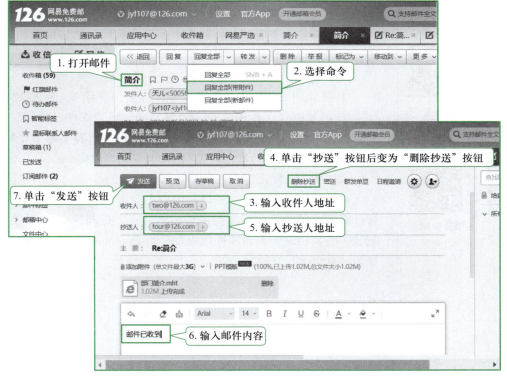

图 5-31　回复邮件

按钮，在下拉列表中选择"回复全部（带附件）"命令，单击"抄送"超链接，在抄送人后的文本框中输入"four@126.com"，在邮件编辑区输入"邮件已收到"，单击"发送"按钮完成邮件的回复及抄送。

③ 转发邮件。打开已收到邮件，单击"转发"按钮，在打开的"发送"窗口中输入"收件人"邮箱地址"two@126.com"，单击"发送"按钮完成邮件的转发。

【Internet 基本应用综合测试】

1. 网页浏览操作

① 打开赛尔网络的主页 http://www.cernet.com，浏览其左侧的"服务项目"页面内容，将页面以"服务项目 .htm"为文件名另存到 D 盘 Netlx 文件夹下，并将页面以"服务项目"的名称加入 IE 的收藏夹。

微课 5-3
网页浏览操作 1-1

微课 5-4
网页浏览操作 1-2

微课 5-5
网页浏览操作 1-3

微课 5-6
网页浏览操作 1-4

② 将赛尔网络的主页 http://www.cernet.com/ 设置为 IE 的主页。

③ 登录百度搜索引擎的主页 http://www.baidu.com，将其页面上的百度图片标志另存到 D 盘 Netlx 文件夹下并命名为"百度 .gif"，然后利用关键字检索与"android"有关的网页并将最后检索到的页面以文本形式另存到 D 盘 Netlx 文件夹中，文件名称为"安卓 .html"。

④ 搜索并下载"360 安全卫士"软件，并以"360 安全卫士"为名保存在 D 盘的 Netlx 文件夹下。

2. 电子邮件操作

登录邮箱，查看"收件箱"中的电子邮件，然后根据如下要求，进行电子邮件操作。

微课 5-7
电子邮件操作 2-1-1

微课 5-8
电子邮件操作 2-1-2

微课 5-9
电子邮件操作 2-1-3

微课 5-10
电子邮件操作 2-2

（1）接收 / 回复 / 转发邮件

① 将收到的邮件中的附件以原文件名另存到 Netlx 文件夹中。

② 回复邮件并抄送给 four@126.com，将"邮件已收到"作为回复邮件的内容，回复邮件中要求带有原邮件的内容（即不要删除）。

③ 将刚刚收到的邮件转发给 zhangming@126.com。

（2）撰写 / 发送邮件

在"开始"菜单的"运行"窗口中输入"calc"，按 Enter 键，打开计算器，并切换为程序员模式，然后将十进制的 1000 转换为二进制数，将其结果作为新邮件内容发送给 zhangming@126.com，邮件主题为"1000 的二进制形式"。

第 2 篇

习题及参考答案篇

第 6 章

信息技术基础知识习题及答案

一、填空题

1. 世界上第一台计算机于_____年诞生。
2. CAM 的含义是_____，CAD 的含义是_____。
3. 计算机最早的应用领域是_____，最广泛的应用领域是_____。
4. 计算机存储程序的思想是_____提出的。
5. 一个完整的计算机系统包括_____和_____两大部分。
6. 计算机硬件的五大基本构件包括_____、_____、_____、_____、_____。
7. 中央处理器由_____和_____组成。
8. 微型计算机的运算器、控制器集成在一块芯片上，总称是_____。
9. 微型计算机的基本构成有两个特点：一是采用微处理器，二是采用_____。
10. 在微型计算机系统组成中，把微处理器 CPU 和内存统称为_____。
11. 在微型计算机系统组成中，把外存及输入/输出设备统称为_____。
12. 计算机软件系统应包括_____和_____。
13. 由 0 和 1 组成，指令代码短、执行速度快、可读性差的计算机语言为_____。
14. _____语言是用助记符代替操作码、地址符号代替操作数的面向机器的语言。
15. 可读性和可移植性好但计算机不能直接执行的计算机语言为_____。
16. 将高级语言翻译成机器语言的方式有_____和_____两种。
17. 计算机系统中程序、数据及相应文档资料的集合称为_____。
18. 二进制数 1100100 对应的十进制数是_____。
19. 将十六进制数 BF 转换成十进制数是_____。
20. 将八进制数 56 转换成十进制数是_____。
21. 将十进制数 100 转换成二进制数是_____。
22. 将十进制数 100 转换成八进制数是_____。
23. 将十进制数 100 转换成十六进制数是_____。

24. 1TB=_____GB, 1GB=_____MB, 1MB=_____KB, 1KB=_____B。

25. 1 个 ASCII 码字符在计算机中用_____字节存放。

26. 1 个 GB 2312—80 码字符在计算机中用_____字节存放。

27. 101B 为_____进制数, 101D 为_____进制数。

28. 计算机在存储声音波形之前, 必须进行_____处理。

29. _____是对数据重新进行编码, 以减少所需存储空间的通用术语。

30. 多媒体信息在计算机中的存储形式是_____。

二、单选题

1. 微型计算机使用的主要逻辑部件是(   )。
   A. 电子管   B. 晶体管
   C. 固体组件   D. 大规模和超大规模集成电路

2. 在计算机的众多特点中, 其最主要的特点是(   )。
   A. 计算速度快   B. 存储程序与自动控制
   C. 应用广泛   D. 计算精度高

3. 计算机分为巨型机、微型机等类型, 是根据计算机的(   )来划分的。
   A. 运算速度   B. 体积大小   C. 重量   D. 耗电量

4. "神舟八号"飞船利用计算机进行飞行状态调整属于(   )。
   A. 科学计算   B. 数据处理
   C. 计算机辅助设计   D. 实时控制

5. 按照计算机应用分类, 12306 火车票网络购票系统应属于(   )。
   A. 数据处理   B. 动画设计   C. 科学计算   D. 实时控制

6. 使用计算机解决科学研究与工程计算中的数学问题属于(   )。
   A. 科学计算   B. 计算机辅助制造
   C. 过程控制   D. 娱乐休闲

7. 淘宝网的网上购物属于计算机现代应用领域中的(   )。
   A. 计算机辅助系统   B. 电子政务
   C. 电子商务   D. 办公自动化

8. 利用计算机来模仿人的高级思维活动称为(   )。
   A. 数据处理   B. 自动控制
   C. 计算机辅助系统   D. 人工智能

9. 人工智能是让计算机模仿人的一部分智能。下列(   )不属于人工智能领域中的应用。
   A. 机器人   B. 银行信用卡   C. 人机对弈   D. 机械手

10. 某单位自行开发的工资管理系统, 按计算机应用的类型划分, 它属于(   )。
    A. 科学计算   B. 辅助设计   C. 数据处理   D. 实时控制

11. 在微型计算机中, 运算器的主要功能是进行(   )。
    A. 逻辑运算   B. 算术运算
    C. 算术运算和逻辑运算   D. 复杂方程的求解

12. 系统软件中最重要的是（　　　）。

    A. 解释程序　　　　　　　　　　　　B. 操作系统

    C. 数据库管理系统　　　　　　　　　D. 工具软件

13. 操作系统的主要功能是（　　　）。

    A. 对用户的数据文件进行管理，为用户管理文件提供方便

    B. 对计算机所有资源进行统一控制和管理，为用户使用计算机提供方便

    C. 对源程序进行编译和运行

    D. 对汇编语言程序进行翻译

14. 计算机操作系统通常具有的 5 大功能是（　　　）。

    A. CPU 管理、显示器管理、键盘管理、鼠标管理、打印机管理

    B. 硬盘管理、软盘管理、CPU 管理、显示器管理、键盘管理

    C. CPU 管理、存储管理、文件管理、设备管理、作业管理

    D. 启动、打印、显示、文件存取、关机

15. 操作系统是（　　　）的接口。

    A. 用户与软件　　　　　　　　　　　B. 系统软件与应用软件

    C. 主机与外设　　　　　　　　　　　D. 用户与计算机

16. 下列各组软件中，全部属于系统软件的一组是（　　　）。

    A. 程序语言处理系统、操作系统、数据库管理系统

    B. 文字处理软件、编辑程序、操作系统

    C. 财务处理软件、金融软件、网络系统

    D. WPS Office 2016、Excel 2016、Windows 10

17. 内层软件向外层软件提供服务，外层软件在内层软件支持下才能运行，表现了软件系统的（　　　）。

    A. 层次关系　　　　B. 模块性　　　　　C. 基础性　　　　　D. 通用性

18. 直接运行在裸机上的最基本的系统软件是（　　　）。

    A. Word　　　　　　B. Flash　　　　　　C. 操作系统　　　　D. 驱动程序

19. 应用软件是指（　　　）。

    A. 游戏软件

    B. Windows 10

    C. 信息管理软件

    D. 用户编写或帮助用户完成具体工作的各种软件

20. 根据传输信号的不同系统总线分为（　　　）。

    A. 地址总线　　　　B. 数据总线　　　　C. 控制总线　　　　D. 以上三者

21. CPU 的主要技术指标有（　　　）。

    A. 字长、运算速度和时钟主频　　　　B. 可靠性和精度

    C. 耗电量和效率　　　　　　　　　　D. 冷却效率

22. 利用 MIPS 来衡量处理器的性能，它指的是处理器的（　　　）。

    A. 传输速率　　　　B. 存储容量　　　　C. 字长　　　　　　D. 运算速度

23. 电子计算机的性能可以用很多指标来衡量，主要指标有运算速度、字长和（　　　）。

A. 主存储器容量的大小   B. 硬盘容量的大小

C. 显示器的尺寸   D. 计算机的制造成本

24. CPU 直接访问的存储器是（   ）。

    A. U 盘   B. 硬盘   C. 光盘   D. 随机存储器

25. 下列叙述中，属于 RAM 特点的是（   ）。

    A. 可随机读写数据，且断电后数据不会丢失

    B. 可随机读写数据，断电后数据将全部丢失

    C. 只能顺序读写数据，断电后数据将部分丢失

    D. 只能顺序读写数据，且断电后数据将全部丢失

26. 在微型计算机中，外存储器比内存储器（   ）。

    A. 读写速度快   B. 存储容量大   C. 单位价格贵   D. 以上 3 种说法都对

27. 下列存储器中，存取速度最快的是（   ）。

    A. 光盘   B. U 盘   C. 硬盘   D. 内存储器

28. 内存空间是由许多存储单元构成的，每个存储单元都有一个唯一的编号，这个编号称为内存（   ）。

    A. 地址   B. 空间   C. 单元   D. 编号

29. USB 是 Universal Serial Bus 的英文缩写，中文名称为"通用串行总线"。一个 USB 接口可以支持（   ）设备。

    A. 一种   B. 两种   C. 多种   D. 以上三者

30. 硬盘工作时应特别注意避免（   ）。

    A. 噪声   B. 日光   C. 潮湿   D. 震动

31. 下列术语中，属于显示器性能指标的是（   ）。

    A. 速度   B. 可靠性   C. 分辨率   D. 精度

32. 一般情况下，调整显示器的（   ）可减少显示器屏幕图像闪烁或抖动。

    A. 显示分辨率   B. 屏幕尺寸   C. 灰度和颜色   D. 刷新频率

33. 计算机显示器的性能参数中，1024 × 768 像素表示（   ）。

    A. 显示器大小   B. 显示字符的行列数

    C. 显示器的分辨率   D. 显示器的颜色最大值

34. 打印机是计算机系统的常用输出设备，当前输出速度最快的是（   ）。

    A. 点阵打印机   B. 台式打印机   C. 激光打印机   D. 喷墨打印机

35. 目前主要应用于银行、税务、商店等的票据打印的打印机是（   ）。

    A. 针式打印机   B. 点阵式打印机

    C. 喷墨打印机   D. 激光打印机

36. 下列设备中既属于输入设备又属于输出设备的是（   ）。

    A. 鼠标   B. 显示器   C. 硬盘   D. 扫描仪

37. 我们通常所说的内存条指的是（   ）条。

    A. ROM   B. EPROM   C. RAM   D. Flash Memory

38. 下列存储器中存取周期最短的是（   ）。

    A. 硬盘   B. 内存储器   C. 光盘   D. 软盘

39. 64 位计算机中的 64 位指的是（　　　）。

　　A. 机器字长　　　　B. CPU 速度　　　　C. 计算机品牌　　　D. 存储容量

40. 计算机内部指令和数据采用（　　　）存储。

　　A. 十进制　　　　　B. 八进制　　　　　C. 二进制　　　　　D. 十六进制

41. 下列度量单位中，用于度量计算机内存空间大小的是（　　　）。

　　A. Mb/s　　　　　　B. MIPS　　　　　　C. GHz　　　　　　D. MB

42. 如果一个存储单元能存放 1 字节，那么一个 32KB 的存储器共有（　　　）个存储单元。

　　A. 32000　　　　　B. 32768　　　　　C. 32767　　　　　D. 65536

43. 假设某台式计算机的内存容量是 256MB，硬盘容量为 20GB，硬盘容量是内存容量的（　　　）。

　　A. 40 倍　　　　　　B. 60 倍　　　　　C. 80 倍　　　　　　D. 100 倍

44. 计算机一次能处理数据的最大位数称为该机器的（　　　）。

　　A. 字节　　　　　　B. 字长　　　　　　C. 处理速度　　　　D. 存储容量

45. 下列叙述中，正确的是（　　　）。

　　A. 字长为 16 位表示这台计算机最大能计算一个 16 位的十进制数

　　B. 字长为 16 位表示这台计算机 CPU 一次能处理 16 位二进制数

　　C. 运算器只能进行算数运算

　　D. SRAM 的集成度高于 DRAM

46. 在计算机中 1B 无符号整数的取值范围是（　　　）。

　　A. 0 ~ 256　　　　　B. 0 ~ 255　　　　　C. −128 ~ 128　　　D. −127 ~ 127

47. 如果在一个非零无符号二进制整数后增加两个 0，则此数的值为原数的（　　　）。

　　A. 4 倍　　　　　　B. 2 倍　　　　　　C. 44198　　　　　D. 44200

48. 在微型计算机中，应用最普遍的字符编码是（　　　）。

　　A. BCD 码　　　　　B. ASCII 码　　　　C. 汉字编码　　　　D. 补码

49. 在 ASCII 码表中，按照 ASCII 码值从小到大的排列顺序是（　　　）。

　　A. 数字、英文大写字母、英文小写字母

　　B. 数字、英文小写字母、英文大写字母

　　C. 英文大写字母、英文小写字母、数字

　　D. 英文小写字母、英文大写字母、数字

50. 以下关于字符之间大小关系的说法中，正确的是（　　　）。

　　A. 字符与数值不同，不能规定大小关系

　　B. E 比 5 大

　　C. Z 比 x 大

　　D. ! 比空格小

51. 已知英文字母 n 的 ASCII 码值是 110，那么英文字母 q 的 ASCII 码值是（　　　）。

　　A. 111　　　　　　B. 112　　　　　　C. 113　　　　　　D. 114

52. 在计算机中，汉字采用（　　　）存放。

　　A. 输入码　　　　　B. 字型码　　　　　C. 汉字内码　　　　D. 输出码

53. 输出汉字字形的清晰度与（　　）有关。

    A. 不同的字体　　　B. 汉字的笔画　　　C. 汉字点阵的规模　　D. 汉字的大小

54. 在 24×24 点阵的汉字库中，存放 1 个汉字需要（　　）存储空间。

    A. 24B　　　　　　B. 72B　　　　　　C. 1024B　　　　　D. 48B

55. 计算机病毒是可以使整个计算机瘫痪，危害极大的（　　）。

    A. 一种芯片　　　　B. 一段特制程序　　C. 一种生物病毒　　D. 一条命令

56. 编写和故意传播计算机病毒，会根据国家（　　）法相应条例，按计算机犯罪进行处罚。

    A. 民　　　　　　　B. 刑　　　　　　　C. 治安管理　　　　D. 保护

57. 一般情况下，计算机病毒会造成（　　）。

    A. 用户患病　　　　B. CPU 的破坏　　　C. 硬件故障　　　　D. 程序和数据被破坏

58. 计算机病毒的传播途径可以是（　　）。

    A. 空气　　　　　　B. 计算机网络　　　C. 键盘　　　　　　D. 打印机

59. 在下列途径中，计算机病毒传播得最快的是（　　）。

    A. 通过光盘　　　　B. 通过键盘　　　　C. 通过电子邮件　　D. 通过盗版软件

60. 使计算机病毒传播范围最广的媒介是（　　）。

    A. 硬磁盘　　　　　B. U 盘　　　　　　C. 内部存储器　　　D. 互联网

61. 病毒清除是指（　　）。

    A. 去医院看医生　　　　　　　　　　　B. 请专业人员清洁设备

    C. 安装监控器监视计算机　　　　　　　D. 从内存、磁盘和文件中清除掉病毒程序

62. 反病毒软件是一种（　　）。

    A. 操作系统　　　　B. 语言处理程序　　C. 应用软件　　　　D. 高级语言的源程序

63. 反病毒软件（　　）。

    A. 只能检测清除已知病毒　　　　　　　B. 可以让计算机用户永无后顾之忧

    C. 自身不可能感染计算机病毒　　　　　D. 可以检测清除所有病毒

64. 选择杀毒软件时要关注（　　）因素。

    A. 价格　　　　　　　　　　　　　　　B. 软件大小

    C. 包装　　　　　　　　　　　　　　　D. 能够查杀的病毒种类

65. 为了防止计算机病毒，应采取的正确措施之一是（　　）。

    A. 每天都要对 U 盘和硬盘进行格式化　　B. 必须备有常用的杀毒软件

    C. 不用任何磁盘　　　　　　　　　　　D. 不用任何软件

66. 当用各种杀毒软件都不能清除 U 盘上的系统病毒时，则应对此 U 盘（　　）。

    A. 丢弃不用　　　　B. 删除所有文件　　C. 重新格式化　　　D. 删除 *.com

67. 下列关于计算机病毒的描述中，错误的是（　　）。

    A. 病毒是一种人为编制的程序　　　　　B. 病毒可能破坏计算机硬件

    C. 病毒相对于杀毒软件永远是超前的　　D. 格式化操作也不能彻底清除 U 盘中的病毒

68. 要把一台普通的计算机变成多媒体计算机，（　　）不是要解决的关键技术。

    A. 数据共享　　　　　　　　　　　　　B. 多媒体数据压缩编码和解码技术

    C. 视频音频数据的实时处理和特技　　　D. 视频音频数据的输出技术

69. 下面关于多媒体计算机硬件系统的描述中，不正确的是（　　）。

A. 摄像机、话筒、录像机、录音机、扫描仪等是多媒体输入设备

B. 打印机、绘图仪、音响、显示器等是多媒体的输出设备

C. 多媒体功能卡一般包括声卡、视频卡、图形加速卡、多媒体压缩卡、数据采集卡等

D. 由于多媒体信息数据量大，一般用光盘而不用硬盘作为存储介质

70. 对于各种多媒体信息，（　　　　）。

A. 计算机只能直接识别图像信息　　　　B. 计算机只能直接识别音频信息

C. 无须转换计算机就能直接识别　　　　D. 必须转换成二进制数计算机才能识别

71. 多媒体技术中使用数字化技术与模拟方式相比，不是数字化技术专有特点的是（　　　　）。

A. 经济、造价低

B. 数字信号不存在衰减和噪声干扰问题

C. 数字信号在复制和传送过程不会因噪声的积累而产生衰减

D. 适合数字计算机进行加工和处理

72. 声卡是多媒体计算机处理音频的主要设备，声卡所起的作用是（　　　　）。

A. 数 / 模、模 / 数转换　　　　　　　B. 图形转换

C. 压缩　　　　　　　　　　　　　　D. 显示

73. （　　　　）直接影响声音数字化的质量。

A. 采样频率　　　　B. 采样精度　　　　C. 声道数　　　　D. 上述 3 项

74. MIDI 标准的文件中存放的是（　　　　）。

A. 波形声音的模拟信号　　　　　　　B. 波形声音的数字信号

C. 计算机程序　　　　　　　　　　　D. 符号化的音乐

75. 不能用来存储声音的文件格式是（　　　　）。

A. WAV　　　　　B. JPG　　　　　C. MID　　　　　D. MP3

76. 下列声音文件格式中，（　　　　）是波形文件格式。

A. WAV　　　　　B. CMF　　　　　C. VOC　　　　　D. MIDI

77. 下列选项中，属于视频文件格式的是（　　　　）。

A. AVI　　　　　B. JPEG　　　　　C. MP3　　　　　D. BMP

78. 网络"黑客"是指（　　　　）的人。

A. 总在夜晚上网

B. 在网上恶意进行远程系统攻击、盗取或破坏信息

C. 不花钱上网

D. 匿名上网

79. 下列关于多媒体数据压缩技术的描述中，说法不正确的是（　　　　）。

A. 数据压缩的目的是减少数据存储量，便于传输和回放

B. 图像压缩就是在没有明显失真的前提下，将图像的位图信息转变成另外一种能将数据量缩减的表达形式

C. 数据压缩算法分为有损压缩和无损压缩

D. 只有图像数据需要压缩

80. 以下类型的图像文件中，（　　　　）是没经过压缩的。

A. JPG　　　　　B. GIF　　　　　C. TIF　　　　　D. BMP

81. 为减少多媒体数据所占存储空间，一般都采用（　　　）。

　　A. 存储缓冲技术　　　B. 数据压缩技术　　　C. 多通道技术　　　D. 流水线技术

82. 音频和视频信号的压缩处理需要进行大量的计算和处理，输入和输出往往要实时完成，要求计算机具有很高的处理速度，因此要求有（　　　）。

　　A. 高速运算的 CPU 和大容量的内存储器 RAM

　　B. 多媒体专用数据采集和还原电路

　　C. 数据压缩和解压缩等高速数字信号处理器

　　D. 上述 3 项

83. （　　　）不是多媒体技术的典型应用。

　　A. 计算机辅助教学　　　　　　　　　B. 娱乐和游戏

　　C. 视频会议系统　　　　　　　　　　D. 计算机支持协同工作

84. 在多媒体计算机系统中，不能用以存储多媒体信息的是（　　　）。

　　A. U 盘　　　　　　　B. 光缆　　　　　　　C. 硬盘　　　　　　　D. 光盘

85. 能够处理各种文字、声音、图像和视频等多媒体信息的设备是（　　　）。

　　A. 数码照相机　　　B. 扫描仪　　　　　C. 多媒体计算机　　　D. 光笔

86. 图像数据压缩的目的是（　　　）。

　　A. 符合 ISO 标准　　　　　　　　　　B. 减少数据存储量，便于传输

　　C. 图像编辑的方便　　　　　　　　　D. 符合各国的电视制式

87. 视频信号数字化存在的最大问题是（　　　）。

　　A. 精度低　　　　　　B. 设备昂贵　　　　C. 过程复杂　　　　　D. 数据量大

88. 声卡是多媒体计算机不可缺少的组成部分，是（　　　）。

　　A. 纸做的卡片　　　B. 塑料做的卡片　　　C. 一块专用器件　　　D. 一种圆形唱片

89. 下列关于使用触摸屏的说法中，正确的是（　　　）。

　　A. 用手指操作直观、方便　　　　　　B. 操作简单，无须学习

　　C. 交互性好，简化了人机接口　　　　D. 全部正确

90. 下列关于 CD-ROM 光盘的描述中，不正确的是（　　　）。

　　A. 容量大　　　　　　　　　　　　　B. 寿命长

　　C. 传输速度比硬盘慢　　　　　　　　D. 可读可写

三、判断对错题

1. 微型计算机使用的主要逻辑部件是电子管。　　　　　　　　　　　　　　　（　　）

2. 在计算机的众多特点中，最主要的特点是计算速度快。　　　　　　　　　　（　　）

3. 数值计算是目前计算机最广泛的应用领域。　　　　　　　　　　　　　　　（　　）

4. 微型计算机属于第四代计算机。　　　　　　　　　　　　　　　　　　　　（　　）

5. 当前计算机正朝着微型机和巨型机两极方向发展。　　　　　　　　　　　　（　　）

6. 为了延长计算机的使用寿命，计算机用几小时后，应关机一会儿再使用。　　（　　）

7. 运算器和控制器合称为中央处理器。　　　　　　　　　　　　　　　　　　（　　）

8. 软件系统和系统软件的含义相同。　　　　　　　　　　　　　　　　　　　（　　）

9. 所有计算机中使用的都是 Windows 操作系统。　　　　　　　　　　　　　（　　）

10. 机器语言因为是面向机器的低级语言，所以执行速度慢。　　　　　　　（　　）

11. 计算机能直接识别并执行高级语言编写的程序。　　　　　　　　　　（　　）

12. 用高级语言编写的程序计算机执行效率最高。　　　　　　　　　　　（　　）

13. 为提高软件开发的效率，开发软件时尽量采用高级语言。　　　　　　（　　）

14. 只要将高级语言编写的源程序文件的扩展名更改为 exe，则它就成为可执行文件了。
　　　　　　　　　　　　　　　　　　　　　　　　　　　　　　（　　）

15. 只读存储器（ROM）和随机存储器（RAM）中的信息断电后都会消失。（　　）

16. 配置高速缓冲存储器（Cache）是为了解决内存和 CPU 之间速度不匹配的问题。（　　）

17. 在 CD 光盘上标记有 CD-RW 字样，RW 是 Read and Write 的缩写。（　　）

18. 硬盘及内存都是存储器，都能长期保存文件。　　　　　　　　　　　（　　）

19. 在计算机内部，一切信息的存取、处理和传送的形式都是二进制。　　（　　）

20. 计算机能处理的最小数据单位是字节。　　　　　　　　　　　　　　（　　）

21. 计算机中的指令和数据均采用十进制表示。　　　　　　　　　　　　（　　）

22. 如果删除一个非零无符号二进制整数后的一个 0，则此数的值为原数的 1/10。（　　）

23. ASCII 码用 7 个字节编码。　　　　　　　　　　　　　　　　　　　（　　）

24. 我国标准汉字编码用 16 位二进制数来表示一个字符。　　　　　　　（　　）

25. 计算机病毒是可以使整个计算机瘫痪，危害极大的一种生物病毒。　　（　　）

26. 安装杀毒软件后可以让计算机用户一劳永逸永无后顾之忧。　　　　　（　　）

27. 若 U 盘上染有病毒，为防止病毒传染计算机系统，将 U 盘放一段时间后再使用。（　　）

28. 多媒体信息在计算机中的存储形式是多种多样的。　　　　　　　　　（　　）

29. 由于多媒体信息数据量大，一般用光盘而不用硬盘作为存储介质。　　（　　）

30. 对于各种多媒体信息必须转换成十进制数计算机才能识别。　　　　　（　　）

31. 数字信号不存在衰减和噪声干扰问题。　　　　　　　　　　　　　　（　　）

32. 计算机可直接存储波形声音的模拟信号。　　　　　　　　　　　　　（　　）

33. 图像数据压缩的目的是减少数据存储量，便于存储和传输。　　　　　（　　）

34. 扩展名为 jpg 的图像文件是经过压缩的。　　　　　　　　　　　　　（　　）

35. 电子出版物可以集成文本、图形、图像、动画、视频和音频等多媒体信息。（　　）

【参考答案】

一、填空题

1. 1946　2. 计算机辅助制造、计算机辅助设计　3. 数值计算、信息处理　4. 冯·诺依曼　5. 硬件系统、软件系统　6. 控制器、运算器、存储器、输入设备、输出设备　7. 控制器、运算器　8. 中央处理器（CPU）　9. 总线系统　10. 主机　11. 外部设备　12. 系统软件、应用软件　13. 机器语言　14. 汇编　15. 高级语言　16. 解释、编译　17. 软件　18. 100　19. 191　20. 46　21. 1100100　22. 144　23. 64　24. 1024、1024、1024、1024　25. 1　26. 2　27. 二、十　28. 数字化　29. 数据压缩　30. 二进制数字信息

二、单选题

1. D　　2. B　　3. A　　4. D　　5. A　　6. A　　7. C　　8. D　　9. B　　10. C
11. C　　12. B　　13. B　　14. C　　15. D　　16. A　　17. A　　18. C　　19. D　　20. D

21. A	22. D	23. A	24. D	25. B	26. B	27. D	28. A	29. C	30. D
31. C	32. D	33. C	34. C	35. A	36. C	37. C	38. B	39. A	40. C
41. D	42. B	43. C	44. B	45. B	46. B	47. A	48. B	49. A	50. B
51. C	52. C	53. C	54. B	55. B	56. B	57. D	58. B	59. C	60. D
61. D	62. C	63. A	64. D	65. B	66. C	67. D	68. A	69. D	70. D
71. A	72. A	73. D	74. D	75. B	76. A	77. A	78. B	79. D	80. D
81. B	82. D	83. D	84. B	85. C	86. B	87. D	88. C	89. D	90. D

三、判断对错题

1. ×	2. ×	3. ×	4. √	5. √	6. ×	7. √	8. ×	9. ×	10. ×
11. ×	12. ×	13. √	14. ×	15. ×	16. √	17. ×	18. ×	19. √	20. ×
21. ×	22. ×	23. ×	24. √	25. ×	26. ×	27. ×	28. ×	29. ×	30. ×
31. √	32. ×	33. √	34. √	35. √					

第 **7** 章

Windows 10 习题及答案

一、填空题

1. Windows 中，"复制"操作的快捷键是_____，"剪切"操作的快捷键是_____，"粘贴"操作的快捷键是_____。

2. Windows 资源管理器操作中，当打开一个文件夹后，全部选中其中内容的快捷键是_____。

3. 在 Windows 中，快捷方式的扩展名为_____。

4. 在 Windows 资源管理器中，单击第 1 个文件名后，按住_____键，再单击最后一个文件，可选定一组连续的文件。

5. 在 Windows 资源管理器中，单击第 1 个文件名后，按住_____键，再单击其他文件，可选定一组不连续的文件。

二、单选题

1. Windows 是一种（　　　）。

   A. 操作系统　　　　B. 字处理系统　　　　C. 电子表格系统　　　　D. 应用软件

2. 在 Windows 资源管理器中，当删除一个或一组文件夹时，该文件夹或该文件夹组下的（　　　）将被删除。

   A. 文件　　　　　　　　　　　　　　　　B. 所有子文件夹

   C. 所有子文件夹及其所有文件　　　　　　D. 所有子文件夹下的所有文件（不含子文件夹）

3. 在 Windows 资源管理器中，"剪切"命令（　　　）。

   A. 只能剪切文件夹　　　　　　　　　　　B. 只能剪切文件

   C. 可以剪切文件或文件夹　　　　　　　　D. 无论怎样都不能剪切系统文件

4. 在 Windows 中，快速按下并释放鼠标器左键的操作称为（　　　）。

   A. 单击　　　　　　B. 双击　　　　　　C. 拖曳　　　　　　D. 启动

5. 在 Windows 中，连续两次快速按下鼠标器左键的操作称为（　　　）。

　　A. 单击　　　　　　　　B. 双击　　　　　　　　C. 拖曳　　　　　　　　D. 启动

6. 在 Windows 中，通过（　　　）颜色的变化可区分活动窗口和非活动窗口。

　　A. 标题栏　　　　　　　B. 信息栏　　　　　　　C. 整个窗口　　　　　　D. 工具栏

7. 在 Windows "资源管理器"窗口中，通过（　　　）来查找文件或文件夹。

　　A. 搜索栏　　　　　　　B. 信息栏　　　　　　　C. 菜单栏　　　　　　　D. 工具栏

8. 关闭"资源管理器"，可以选用（　　　）。

　　A. 单击"资源管理器"窗口右上角的"×"按钮

　　B. 按 Alt+F4 键

　　C. 单击"资源管理器"的"文件"菜单，并选择"关闭"命令

　　D. 以上 3 种方法都正确

9. 把 Windows 的窗口和对话框做比较，窗口可以移动和改变大小，而对话框（　　　）。

　　A. 既不能移动，也不能改变大小　　　　　　B. 仅可以移动，不能改变大小

　　C. 仅可以改变大小，不能移动　　　　　　　D. 既可移动，也能改变大小

10. 在 Windows 中，允许同时打开（　　　）应用程序窗口。

　　A. 一个　　　　　　　　B. 两个　　　　　　　　C. 多个　　　　　　　　D. 十个

11. 在 Windows 中，回收站是（　　　）。

　　A. 内存中的一块区域　　　　　　　　　　　　B. 硬盘上的一块区域

　　C. 光盘上的一块区域　　　　　　　　　　　　D. 高速缓存中的一块区域

12. Windows 的"桌面"指的是（　　　）。

　　A. 某个窗口　　　　　　　　　　　　　　　　B. 整个屏幕

　　C. 某一个应用程序　　　　　　　　　　　　　D. 一个活动窗口

13. 在 Windows 资源管理器中，按（　　　）键可删除文件。

　　A. F7　　　　　　　　　B. F8　　　　　　　　　C. Esc　　　　　　　　　D. Delete

14. 在 Windows 中将信息传送到剪贴板的不正确方法是（　　　）。

　　A. 用"复制"命令把选定的对象送到剪贴板

　　B. 用"剪切"命令把选定的对象送到剪贴板

　　C. 用 Ctrl+V 键把选定的对象送到剪贴板

　　D. 用 Alt+PrintScreen 键把当前窗口送到剪贴板

15. 在 Windows 中，要对当前屏幕进行截屏，可以按键盘上的（　　　）键。

　　A. Shift+P　　　　　　B. Ctrl+P　　　　　　　C. PrintScreen　　　　　D. Alt+PrintScreen

16. 在 Windows 的回收站中，可以恢复（　　　）。

　　A. 从硬盘中删除的文件或文件夹　　　　　　B. 从 U 盘中删除的文件或文件夹

　　C. 剪切掉的文档　　　　　　　　　　　　　　D. 从光盘中删除的文件或文件夹

17. 在 Windows 中，按住鼠标器左键同时移动鼠标的操作称为（　　　）。

　　A. 单击　　　　　　　　B. 双击　　　　　　　　C. 拖曳　　　　　　　　D. 启动

18. 在 Windows 中，（　　　）的大小不可改变。

　　A. 应用程序窗口　　　　B. 文档窗口　　　　　　C. 对话框　　　　　　　D. 活动窗口

19. 在 Windows 中，当程序因某种原因陷入死循环时，下列哪种方法能较好地结束该程序（　　　）。

A. 按 Ctrl+Alt+Delete 键，然后选择"结束任务"结束该程序的运行

B. 按 Ctrl+Delete 键，然后选择"结束任务"结束该程序的运行

C. 按 Alt+Delete 键，然后选择"结束任务"结束该程序的运行

D. 直接重启计算机结束该程序的运行

20. 在 Windows 中，按下（　　　）键并拖曳某文件夹到另一文件夹中，可完成对该对象的复制操作。

    A. Alt   B. Shift   C. 空格   D. Ctrl

21. Windows 桌面底部的任务栏功能很多，但不能在"任务栏"内进行的操作是（　　　）。

    A. 设置系统日期和时间   B. 排列桌面图标

    C. 排列和切换窗口   D. 启动"开始"菜单

22. Windows 的"开始"菜单集中了很多功能，下列对其描述较准确的是（　　　）。

    A. "开始"菜单就是计算机启动时所打开的所有程序的列表

    B. "开始"菜单是用户运行 Windows 应用程序的入口

    C. "开始"菜单是当前系统中的所有文件

    D. "开始"菜单代表系统中的所有可执行文件

23. 在 Windows 中，不能通过使用（　　　）的缩放方法将窗口放到最大。

    A. 控制按钮   B. 标题栏   C. "最大化"按钮   D. 边框

24. 在 Windows 资源管理器中，"复制"命令（　　　）。

    A. 只能复制文件夹   B. 只能复制文件

    C. 可以复制文件或文件夹   D. 无论怎样都不能复制系统文件

25. 在 Windows 默认设置下，若已选定硬盘上的文件或文件夹，并按了 Delete 键和单击"确定"按钮，则该文件或文件夹将（　　　）。

    A. 被删除并放入"回收站"   B. 不被删除也不放入"回收站"

    C. 被删除但不放入"回收站"   D. 不被删除但放入"回收站"

26. 在 Windows 中，快捷方式文件的图标（　　　）。

    A. 右下角有一个箭头   B. 左下角有一个箭头

    C. 左上角有一个箭头   D. 右上角有一个箭头

27. 选择文件或文件夹的方法是（　　　）。

    A. 将鼠标移到要选择的文件或文件夹，双击鼠标左键

    B. 将鼠标移到要选择的文件或文件夹，单击鼠标左键

    C. 将鼠标移到要选择的文件或文件夹，单击鼠标右键

    D. 将鼠标移到要选择的文件或文件夹，双击鼠标右键

28. Windows 中的文件夹结构是一种（　　　）。

    A. 关系结构   B. 网状结构   C. 对象结构   D. 树状结构

29. 在 Windows 中，下列关于应用程序窗口与应用程序关系的叙述，错误的是（　　　）。

    A. 一个应用程序窗口可含多个文档窗口（如 Word 中可打开多个 docx 文档）

    B. 一个应用程序窗口与多个应用程序相对应

    C. 应用程序窗口最小化后，其对应的程序仍占用系统资源

    D. 应用程序窗口关闭后，其对应的程序结束运行

30. 将回收站中的文件还原时，被还原的文件将回到（   ）。

    A. 桌面上   B. "我的文档" 中

    C. 内存中   D. 被删除的位置

31. 在 "资源管理器" 中，"剪切" 一个文件后，该文件被（   ）。

    A. 删除   B. 放到回收站

    C. 临时存放在桌面上   D. 临时存放在剪贴板上

32. 在 Windows 中，可以通过（   ）进行系统硬件配置。

    A. 控制面板   B. 回收站   C. 附件   D. 系统监视器

33. 在 Windows 中，利用鼠标拖曳（   ）的操作，可缩放窗口大小。

    A. 控制框   B. 对话框   C. 滚动框   D. 边框

34. 在 Windows 中，全角方式下输入的数字应占（   ）个字符位。

    A. 1   B. 2   C. 3   D. 4

35. Windows 中任务栏上的内容为（   ）。

    A. 当前窗口图标   B. 已启动并正在执行的程序名

    C. 所有已打开的程序的图标   D. 已经打开的文件名

36. 使用家用电脑能一边听音乐，一边玩游戏，这主要体现了 Windows 的（   ）。

    A. 人工智能技术   B. 自动控制技术

    C. 文字处理技术   D. 多任务技术

37. 在 Windows 中，要将文件直接删除而不是放入回收站，正确的操作是（   ）。

    A. 按 Delete 键   B. 按 Shift 键

    C. 按 Shift+Delete 键   D. 使用快捷菜单中的 "删除" 命令

38. 在 Windows 中，桌面上当窗口未最大化时，可以用鼠标拖动移动窗口的位置，但鼠标必须位于（   ）。

    A. 窗口的标题栏中   B. 窗口的菜单栏中

    C. 窗口的边框上   D. 窗口中任意位置

39. 在中文 Windows 中，"全角 / 半角" 方式的主要区别在于（   ）。

    A. 全角方式下只能输入汉字，半角方式下只能输入英文字母

    B. 全角方式下只能输入英文字母，半角方式下只能输入汉字

    C. 半角方式下输入的汉字为全角方式下输入汉字的一半大

    D. 全角方式下输入的英文字母与汉字同样大小，半角方式下则为汉字的一半大

40. 在 Windows 中，搜索文件时代替 0 个或者多个字符的通配符是（   ）。

    A. ?   B. %   C. *   D. &

41. 在 Windows 的 "资源管理器" 窗口中，其左边窗格中显示的是（   ）。

    A. 当前打开的文件夹的内容   B. 系统的文件夹结构

    C. 当前打开的文件夹名称及其内容   D. 当前打开的文件夹名称

42. 在 Windows 环境中，用鼠标双击一个窗口左上角的 "控制菜单" 按钮，可以（   ）。

    A. 最小化窗口   B. 最大化窗口   C. 还原窗口   D. 关闭窗口

43. 对于 Windows 的控制面板，以下说法中错误的是（   ）。

    A. 控制面板是一个专门用来管理计算机系统的应用程序

B. 从控制面板中无法删除计算机中已经安装的声卡设备

C. 对于控制面板中的项目，可以在桌面建立它的快捷方式

D. 可以通过控制面板删除一个已经安装的应用程序

44. 在 Windows 中下面说法正确的是（　　　）。

A. 每台计算机可以有多个默认打印机

B. 如果一台计算机安装了两台打印机，这两台打印机都可以不是默认打印机

C. 每台计算机如果已经安装了打印机，则必有一台也仅有一台默认打印机

D. 默认打印机是系统自动产生的，用户不能更改

45. 在 Windows 中，如果要彻底删除系统已安装的应用软件，最正确的方法是（　　　）。

A. 直接找到该文件或文件夹进行删除操作

B. 用控制面板或软件自带的卸载程序完成

C. 删除该文件及快捷图标

D. 对磁盘进行碎片整理操作

46. Windows 操作系统的特点包括（　　　）。

A. 图形界面 　　　　B. 多任务 　　　　　　C. 即插即用 　　　　D. 以上都对

47. 由于硬件故障、系统故障，文件系统可能遭到破坏，所以需要对文件进行（　　　）。

A. 备份 　　　　　　B. 海量存储 　　　　　C. 增量存储 　　　　D. 镜像

48. 在 Windows 中，计算机使用（　　　）与用户进行信息交换。

A. 菜单 　　　　　　B. 工具栏 　　　　　　C. 对话框 　　　　　D. 应用程序

49. 在 Windows 中，不可对任务栏进行的操作是（　　　）。

A. 设置任务栏的颜色 　　　　　　　　B. 移动任务栏的位置

C. 设置任务栏为"总在最前" 　　　　　D. 设置任务栏为"自动隐藏"

50. Windows 命令按钮变为浅色表示（　　　）。

A. 无意义 　　　　　B. 不可选择 　　　　　C. 可选择 　　　　　D. 以上都不对

51. 删除 Windows 桌面上的"Microsoft Word"快捷图标，意味着（　　　）。

A. 该应用程序连同其图标一起被删除

B. 只删除了该应用程序，对应的图标被隐藏

C. 只删除了图标，对应的应用程序被保留

D. 下次启动后图标会自动恢复

52. 在 Windows 中，当键盘上有某个字符键因损坏而失效时，则可以使用中文输入法按钮组中的（　　　）来输入字符。

A. 光标键 　　　　　B. 功能键 　　　　　　C. 小键盘区键 　　　D. 软键盘

53. 假设 Windows 桌面上已经有某应用程序的图标，要运行该程序，可以（　　　）。

A. 用鼠标左键单击该图标 　　　　　　B. 用鼠标右键单击该图标

C. 用鼠标左键双击该图标 　　　　　　D. 用鼠标右键双击该图标

54. 在 Windows 中，对文件的确切定义应该是（　　　）。

A. 记录在外存储器上的一组相关命令的集合

B. 记录在外存储器上的一组相关程序的集合

C. 记录在外存储器上的一组相关数据的集合

D. 记录在外存储器上的一组相关信息的集合

55. 在 Windows 中查找文件时，如果输入 "*.docx"，表明要查找的是（　　　）。

A. 文件名为 *.docx 的文件　　　　　　B. 文件名中有一个 * 的 docx 文件

C. 所有的 docx 文件　　　　　　　　　D. 文件名长度为一个字符的 docx 文件

三、判断对错题

1. 在 Windows 中，只允许同时打开 2 个应用程序窗口。　　　　　　　　　（　　　）

2. 在 Windows 中，"全选"的快捷键是 Ctrl+A。　　　　　　　　　　　　（　　　）

3. 在 Windows 中，对话框的大小不可改变。　　　　　　　　　　　　　　（　　　）

4. 文件名"通知 .docx"，其含义是主文件名是"通知"，"docx"是扩展名，表示是 Word 文档类型。　　　　　　　　　　　　　　　　　　　　　　　　　　　　　　（　　　）

5. 每个文件都要有一个名称，主文件名起标识作用，"扩展名"表示文件类型。　（　　　）

6. "对话框"中的复选框，必须选择多项。　　　　　　　　　　　　　　　（　　　）

7. 文件名中可以分别使用大写和小写的英文字母，大写和小写英文字母意义不一样。

（　　　）

8. "对话框"中的单选按钮，只能选中单独一个按钮。　　　　　　　　　　（　　　）

【参考答案】

一、填空题

1. Ctrl+C、Ctrl+X、Ctrl+V　2. Ctrl+A　3. lnk　4. Shift　5. Ctrl

二、单选题

1. A	2. C	3. C	4. A	5. B	6. A	7. A	8. D	9. B	10. C
11. B	12. B	13. D	14. C	15. C	16. A	17. C	18. C	19. A	20. D
21. B	22. B	23. D	24. C	25. A	26. B	27. B	28. D	29. B	30. D
31. D	32. A	33. D	34. B	35. D	36. D	37. C	38. A	39. D	40. C
41. B	42. D	43. B	44. C	45. B	46. D	47. A	48. C	49. A	50. B
51. C	52. D	53. C	54. D	55. C					

三、判断对错题

1. ×　2. √　3. √　4. √　5. √　6. ×　7. ×　8. √

第 **8** 章

Word 2016 习题及答案

一、填空题

1. 在 Word 文档中，将光标移到本行行首的快捷键是_____。

2. 在 Word 文档中，将光标移到文档开头的快捷键是_____。

3. 在 Word 中，在_____位置能够显示页号、总页数、字数等信息。

4. 在 Word "插入"选项卡"插入"组"形状"的下拉列表中选定"矩形"后，按住_____键可绘制正方形。

5. 在 Word 文档中，行间距有 3 种定义标准，其一是按倍数划分，其二是固定值，还有一种是_____。

6. 在 Word 编辑状态下，可以同时显示水平标尺和垂直标尺的视图模式是_____。

7. 在 Word 文档中，用户输入文字时，在_____模式下，随着输入新的文字，后面原有的文字将会被覆盖。

8. 在 Word 中，按住_____键的同时拖动选定的内容到新位置可以快速完成复制操作。

9. 在 Word 中进行文字校对时，应使用"审阅"选项卡中_____命令。

10. 当用户输入错误的或系统不能识别的文字时，Word 会在文字下面显示_____。

11. 当用户输入的文字可能出现语法错误时，Word 会在文字下面显示_____。

二、单选题

1. 若 Word 菜单命令右边有"…"符号表示（   ）。
   A. 该命令不能执行   B. 单击该命令后，会弹出一个"对话框"
   C. 该命令已执行   D. 该命令后有级联菜单

2. 在 Word 中，如果要选取某一个自然段落，可将鼠标指针移到该段落区域内（   ）。
   A. 单击   B. 双击   C. 三击鼠标左键   D. 右击

3. 在 Word 中，若要删除光标后面的一个字符，应按（   ）键。
   A. Delete   B. 空格   C. Backspace   D. Enter

4. 在 Word 中，下列关于文档窗口的说法中正确的是（　　　）。

    A. 只能打开一个文档窗口

    B. 可以同时打开多个文档窗口，被打开的窗口都是活动窗口

    C. 可以同时打开多个文档窗口，但其中只有一个是活动窗口

    D. 可以同时打开多个文档窗口，但在屏幕上只能见到一个文档的窗口。

5. Word 具有分栏的功能，下列关于分栏的说法中正确的是（　　　）。

    A. 最多可以设 4 栏　　　　　　　　　　B. 各栏的栏宽必须相等

    C. 各栏的宽度可以不同　　　　　　　　D. 各栏之间的间距是固定的

6. 在 Word 中，不可以对同一行设定为（　　　）。

    A. 单倍行距　　　　　　　　　　　　　B. 2 倍行距

    C. 1.5 倍行距　　　　　　　　　　　　D. 多种混合行距

7. 在 Word 中对某些已正确存盘的文件，在打开文件的列表框中却不显示，原因可能是（　　　）。

    A. 文件被隐藏　　　　　　　　　　　　B. 文件类型选择不对

    C. 文件夹的位置不对　　　　　　　　　D. 以上 3 种情况均可能

8. 有关 Word "首字下沉" 命令正确的说法是（　　　）。

    A. 只能悬挂下沉　　　　　　　　　　　B. 可以下沉 3 行字的位置

    C. 只能下沉 3 行　　　　　　　　　　　D. 以上都正确

9. 在 Word 编辑状态下，打开了 Mydoc.docx 文档，若要把编辑后的文档以文件名 "W1.htm" 存盘，可以执行 "文件" 选项卡下的（　　　）命令。

    A. 保存　　　　　　　B. 另存为　　　　　　　C. 全部保存　　　　　　　D. 另存为 HTML

10. 在 Word 中进行段落设置时，设置 "右缩进 1 厘米"，则其含义是（　　　）。

    A. 对应段落的首行右缩进 1 厘米

    B. 对应段落除首行外，其余行都右缩进 1 厘米

    C. 对应段落的所有行在右页边距 1 厘米处对齐

    D. 对应段落的所有行都右缩进 1 厘米

11. 在 Word 的编辑状态，文档窗口显示出水平标尺，拖动水平标尺上沿的 "首行缩进" 滑块，则（　　　）。

    A. 文档中各段落的首行起始位置都重新确定

    B. 文档中被选择的各段落首行起始位置都重新确定

    C. 文档中各行的起始位置都重新确定

    D. 插入点所在行的起始位置被重新确定

12. 在 Word 中的 "制表位" 是用于（　　　）。

    A. 制作表格　　　　　B. 光标定位　　　　　C. 设定左缩进　　　　　D. 设定右缩进

13. 在 Word 中，关于编辑页眉页脚的操作，下列叙述不正确的是（　　　）。

    A. 文档内容和页眉页脚可在同一窗口编辑

    B. 文档内容和页眉页脚一起打印

    C. 编辑页眉页脚时不能编辑文档内容

    D. 页眉页脚中也可以进行格式设置和插入剪贴画

14. 新建一个 Word 文档，默认的段落样式为（　　　）。

　　A. 正文　　　　　　　B. 普通　　　　　　　C. 目录　　　　　　　D. 标题

15. 以下（　　　）选项不属于 Word 段落对话框中所提供的功能。

　　A. 设置段落左缩进　　　　　　　　　　B. 设置每一句的距离

　　C. 设置段落首行缩进　　　　　　　　　D. 设置段落内的行间距

16. 在 Word 中，以下对表格操作的叙述错误的是（　　　）。

　　A. 在表格的单元格中，除了可以输入文字、数字，还可以插入图片

　　B. 表格的每一行中各单元格的宽度可以不同

　　C. 表格的每一行中各单元格的高度可以不同

　　D. 表格的表头单元格可以绘制斜线

17. 在 Word 中，在页面设置选项中，系统默认的纸张大小是（　　　）。

　　A. A4　　　　　　　　B. B5　　　　　　　　C. A3　　　　　　　　D. 16 开

18. 不能在"页面设置"对话框中设置的是（　　　）。

　　A. 页边距　　　　　　B. 纸张大小　　　　　C. 纸张方向　　　　　D. 打印机

19. Word 具有的功能是（　　　）。

　　A. 表格处理　　　　　B. 绘制图形　　　　　C. 自动更正　　　　　D. 以上 3 项都是

20. Word 中不可以在"字体"对话框中进行设置的是（　　　）。

　　A. 文字大小　　　　　B. 文字样式　　　　　C. 文字字体　　　　　D. 文字颜色

21. 在 Word 窗口中，用户不可以（　　　）。

　　A. 将所选择的文档内容直接另存为一个文档文件

　　B. 将正在编辑的文档另存为一个纯文本（txt）文件

　　C. 同时打开多个文档窗口

　　D. 在没有开启打印机时进行打印预览

22. 以下不属于 Word 文字环绕方式的是（　　　）。

　　A. 四周环绕　　　　　B. 上下环绕　　　　　C. 穿越环绕　　　　　D. 交叉环绕

23. Word 中对输入的文档进行编辑排版时，首先应（　　　）。

　　A. 移动光标　　　　　　　　　　　　　B. 选定编辑对象

　　C. 设为普通视图　　　　　　　　　　　D. 打印预览

24. 在 Word 文档中，要写入一个含有专用数学符号而不需计算的公式，最好是使用 Word 系统所附带的（　　　）。

　　A. 图画程序　　　　　　　　　　　　　B. 公式编辑器

　　C. 图像生成器　　　　　　　　　　　　D. 文本框

25. Word 中当大写锁定键指示灯亮时，可以输入（　　　）。

　　A. 汉字　　　　　　　B. 字母　　　　　　　C. 特殊符号　　　　　D. 任意字符

26. 在 Word 的"打印"对话框中设置打印页码为"1,3–6,9"，可打印的是（　　　）。

　　A. 第 1 页～第 9 页　　　　　　　　　　B. 第 1 页、第 3 页～第 6 页、第 9 页

　　C. 第 3 页～第 6 页　　　　　　　　　　D. 第 1 页～第 3 页、第 6 页～第 9 页

27. 在 Word 的编辑状态，当前编辑的文档是 C 盘中的 D1.docx 文档，要将该文件存储到 U 盘，应当使用的是（　　　）。

A．"文件"选项卡中的"另存为"命令　　B．"文件"选项卡中的"保存"命令

C．"文件"选项卡中的"新建"命令　　D．"插入"选项卡中的命令

28．在 Word 编辑状态下，执行"复制"命令后（　　）。

A．被选择的内容被复制到插入点处　　B．被选择的内容被复制到剪贴板

C．插入点所在的段落被复制到剪贴板　　D．插入点所在的段落内容被复制到剪贴板

29．在 Word 编辑状态下，进行字体设置操作后，按新设置的字体显示的文字是（　　）。

A．插入点所在段落中的文字　　B．文档中被选定的文字

C．插入点所在行中的文字　　D．文档的全部文字

30．下列关于对 Word 中插入图片进行的操作，描述正确的是（　　）。

A．图片不能被移动　　B．图片不能被裁剪

C．图片不能被放大或缩小　　D．图片的内容不能进行编辑

31．用 Word 编辑文档时，使用"插入"选项卡中的命令可以（　　）。

A．将选定的部分文本直接存入磁盘，形成一个文件

B．直接将一个文本块插入磁盘文件

C．将一个磁盘文件插入到当前正在编辑的文档中

D．用一个文本块覆盖磁盘文件

32．在 Word 编辑状态下，利用"格式刷"按钮（　　）。

A．只能复制文本的段落格式　　B．只能复制文本的字号格式

C．只能复制文本的字体和字号格式　　D．可以复制文本的段落格式和字号格式

33．Word 文本编辑中，文字的输入方式有插入和改写两种方式，要将插入方式转换为改写方式，则可按（　　）。

A．Ctrl 键　　　　B．Delete 键　　　　C．Insert 键　　　　D．Shift 键

34．在 Word 中，用鼠标选定一个矩形区域的文字时，需先按住（　　）键，同时拖动鼠标进行选择。

A．Alt　　　　B．Shift　　　　C．Enter　　　　D．Ctrl

三、判断对错题

1．在 Word 中的"替换"对话框中指定了查找内容，但没有在"替换为"框中输入内容，则执行"全部替换"后，将把所有找到的内容删除。（　　）

2．在 Word 中，可以将一段文字转换为表格，但这段文字的每行的几个部分之间必须用适当符号分隔。（　　）

3．在 Word 中，按 Enter 键可以添加一个段落。（　　）

4．使用页眉和页脚对话框，可以插入日期、页数以及页码。（　　）

5．关于 Word 表格，只能合并拆分单元格不能合并拆分表格。（　　）

6．在 Word 中可以将文档分为多栏进行排版。（　　）

7．用鼠标直接拖动边框来调整列宽时，边框左右两侧的列宽都将发生改变。（　　）

8．在 Word 中编辑文本时，删除光标右边的一个字符可以按 BackSpace 退格键。（　　）

9．Word 不能自动生成目录。（　　）

10．Word 中可以分节设置不同的页眉和页脚。（　　）

【参考答案】

一、填空题

1. Home　2. Ctrl+Home　3. 状态栏　4. Shift　5. 最小值

6. 页面视图　7. 改写　8. Ctrl　9. 拼写和语法　10. 红色波浪线

11. 绿色波浪线

二、单选题

1. B　2. C　3. A　4. C　5. C　6. D　7. D　8. B　9. B　10. D

11. B　12. B　13. A　14. A　15. B　16. C　17. A　18. D　19. D　20. B

21. A　22. D　23. B　24. B　25. B　26. B　27. A　28. B　29. B　30. D

31. C　32. D　33. C　34. A

三、判断对错题

1. √　2. √　3. √　4. √　5. ×　6. √　7. √　8. ×　9. ×　10. √

第 9 章

Excel 2016 习题及答案

一、填空题

1. 在 Excel 中，用来储存并处理工作表数据的文件，称为_____。

2. 在 Excel 中，当某单元格中的数据被显示为充满整个单元格的一串"#####"时，说明_____。

3. 在 Excel 中按 Ctrl+End 键后，光标会移到_____位置。

4. 欲在单元格中输入数字字符串 0001 时，应先_____。

5. 在 Excel 单元格内输入计算公式时，最先输入的符号是_____。

6. 在 Excel 单元格中输入"=MAX(B2:B8)"，其作用是_____。

7. Excel 公式中绝对引用 E3 ~ F8 单元格区域的方法是_____。

8. Excel 分类汇总的前提条件是_____。

二、单选题

1. 在 Excel 工作簿中，将工作表的名称放置在（　　）。

　　A. 标题栏　　　　　　B. 标签栏　　　　　　C. 工具栏　　　　　　D. 信息行

2. 下列对 Excel 工作表的描述中，正确的是（　　）。

　　A. 一个工作表可以有无穷个行和列　　　B. 工作表不能更名

　　C. 一个工作表就是一个独立存储的文件　　D. 工作表是工作薄的一部分

3. 在 Excel 的单元格内输入日期时，年、月、日分隔符可以是（　　）。

　　A. "/"或"—"　　　　B. "、"或"|"　　　　C. "/"或"\\"　　　　D. "\\"或"."

4. 在 Excel 中，当输入的字符串长度超过单元格的显示宽度时，若其右侧相邻单元格为空，在默认状态下字符串将（　　）。

　　A. 超出部分被截断删除

　　B. 字符串显示为 #####

　　C. 继续超格显示

D. 超出部分作为另一个字符串存入相邻单元格中

5. 若在 Excel 工作表中选取了一组单元格，则其中活动单元格的数目是（　　　）。

　A. 1 行单元格　　　　　　　　　　　B. 1 个单元格

　C. 1 列单元格　　　　　　　　　　　D. 等于被选中的单元格数目

6. 向 Excel 工作表的任一单元格输入内容后，不正确的确认输入的方法是（　　　）。

　A. 按光标移动键　　B. 按 Enter 键　　C. 单击另一单元格　D. 双击该单元格

7. 在 Excel 工作表中，拖动填充柄快速填充数据时，鼠标指针形状应该是（　　　）。

　A. +　　　　　　　　B. I　　　　　　　　C. ＋　　　　　　　　D. ?

8. 在 Excel 工作表中，若选定含有数值的左右相邻的两个单元格，再向右拖动填充柄，则数据将以（　　　）填充。

　A. 等差数列　　　　B. 等比数列　　　　C. 左单元格数值　　D. 右单元格数值

9. 在 Excel 活动单元格中输入一个数字后，按住（　　　）键拖动填充柄才能使数字递增。

　A. Alt　　　　　　　B. Ctrl　　　　　　C. Shift　　　　　　D. Del

10. 在 Excel 中，为了加快输入速度，欲在相邻单元格中输入"二月"到"十月"的连续月份时，可使用（　　　）功能。

　A. 复制　　　　　　B. 移动　　　　　　C. 自动计算　　　　D. 自动填充

11. 在 Excel 中用鼠标拖曳复制数据和移动数据在操作上（　　　）。

　A. 有所不同，复制数据时，要按住 Ctrl 键

　B. 完全一样

　C. 有所不同，移动数据时，要按住 Ctrl 键

　D. 有所不同，复制数据时，要按住 Shift 键

12. 在 Excel 工作表中，以下（　　　）操作不能实现。

　A. 调整单元格高度　　　　　　　　　B. 插入单元格

　C. 合并单元格　　　　　　　　　　　D. 拆分单元格

13. 在 Excel 中，当用户希望使工作表标题位于表格中央时，可单击"对齐方式"选项组中的（　　　）按钮。

　A. 置中　　　　　　B. 填充　　　　　　C. 分散对齐　　　　D. 合并后居中

14. 在 Excel 中单元格的格式（　　　）。

　A. 一旦确定，将不可更改　　　　　　B. 依输入数据的格式而定，不能更改

　C. 可随时更改　　　　　　　　　　　D. 只能更改 1 次

15. 在 Excel 的工作表中，有关单元格的描述，正确的是（　　　）。

　A. 单元格的高度和宽度不能调整　　　B. 同一列单元格的宽度不必相同

　C. 同一行单元格的高度必须相同　　　D. 单元格不能有底纹

16. 在 Excel 中设置数字格式时，","图标的功能是（　　　）。

　A. 百分比样式　　　B. 小数点样式　　　C. 千位分隔样式　　D. 货币样式

17. 在 Excel 中，若要对工作表重新命名，可以采用（　　　）。

　A. 单击工作表标签　　　　　　　　　B. 双击工作表标签

　C. 单击表格标题行　　　　　　　　　D. 双击表格标题行

18. 在 Excel 工作表中，不能进行的操作是（　　　）。

    A. 恢复被删除的工作表　　　　　　　　B. 修改工作表名称

    C. 移动和复制工作表　　　　　　　　　D. 插入和删除工作表

19. 关于工作表名称的描述，正确的是（　　　）。

    A. 工作表不能与工作簿同名　　　　　　B. 同一工作簿中不能有相同名字的工作表

    C. 工作表名不能使用汉字　　　　　　　D. 工作表名称的默认扩展名是 xlsx

20. 在 Excel 中，一个工作表最多拆分为（　　　）个窗口。

    A. 2　　　　　　　　B. 8　　　　　　　　C. 4　　　　　　　　D. 任意

21. 在 Excel 单元格中输入（　　　）并确认后，可使该单元格显示 0.3。

    A. 6/20　　　　　　B. =6/20　　　　　　C. "6/20"　　　　　　D. = "6/20"

22. 在 Excel 工作表中，某区域由 A1、A2、A3、B1、B2、B3 这 6 个单元格组成。下列不能表示该区域的是（　　　）。

    A. A1:B3　　　　　　B. A3:B1　　　　　　C. B3:A1　　　　　　D. A1:B1

23. 在 Excel 中，下列（　　　）是输入正确的公式形式。

    A. b2*d3+1　　　　B. sum(d1:d2)　　　　C. =sum(d1:d2)　　　　D. =8x2

24. 在 Excel 中，当公式中出现被零除的现象时，产生的错误值是（　　　）。

    A. #N/A!　　　　　B. #DIV/0!　　　　　C. #NUM!　　　　　D. #VALUE!

25. 在 Excel 中如果要更改计算顺序，需把公式首先计算的部分括在（　　　）内。

    A. 单引号　　　　　B. 双引号　　　　　C. 圆括号　　　　　D. 中括号

26. 在 Excel 中，在某单元格输入"=-5+6*7"并确认后此单元格显示为（　　　）。

    A. -7　　　　　　　B. 77　　　　　　　C. 37　　　　　　　D. -47

27. 在 Excel 中，假设 B1、B2、C1、C2 单元格中分别存放数字 1、2、6、9，SUM(B1:C2) 和 AVERAGE(B1:C2) 的值等于（　　　）。

    A. 10，4.5　　　　B. 10，10　　　　C. 18，4.5　　　　D. 18，10

28. 在 Excel 公式中函数的参数必须用（　　　）括起来，以说明参数开始和结束的位置。

    A. 中括号　　　　　B. 双引号　　　　　C. 圆括号　　　　　D. 单引号

29. 若在 Excel 工作表的 D5 单元格中存在公式为"=B5+C5"，则执行了在工作表第 2 行前插入一新行的操作后，原 D5 单元格中的公式为（　　　）。

    A. =B5+C5　　　　B. =B6+C6　　　　C. 出错　　　　D. 空白

30. 设 E1 单元格中的公式为"=A3+B4"，当 B 列被删除后，原 E1 单元格中的公式将调整为（　　　）。

    A. =A3+C4　　　　B. =A3+B4　　　　C. =A3+A4　　　　D. =A3+#REF!

31. 在 Excel 中使用"升（降）序"按钮排序时，应先（　　　）。

    A. 选取该列数据　　　　　　　　　　　B. 选取整个数据区域

    C. 单击数据区域的任意单元格　　　　　D. 单击该列数据中的任意单元格

32. 使用 Excel 自动筛选功能时，若多字段同时设置筛选条件，其关系是（　　　）。

    A. 与　　　　　　　B. 或　　　　　　　C. 非　　　　　　　D. 无关系

33. 在 Excel 中建立高级筛选条件区域时，将"或"关系的条件写在（　　　）。

    A. 相同行　　　　　B. 不同行　　　　　C. 任意行　　　　　D. 相同列

34. 在 Excel 中分类汇总时，可选择的汇总方式有（　　　）种。

  A. 3   B. 5   C. 8   D. 11

35. 在 Excel 中，若从"学生成绩表"数据清单中找出各门课程都不及格的同学记录，使用（ ）操作最为方便。

  A. 排序   B. 分类汇总   C. 自动筛选   D. 高级筛选

36. 在 Excel 工作表中插入图表最主要的作用是（ ）。

  A. 更精确地表示数据   B. 使工作表显得更美观

  C. 更直观地表示数据   D. 减少文件占用的磁盘空间

37. 在 Excel 中产生图表的基础数据发生变化后，图表将（ ）。

  A. 被删除   B. 发生改变，但与数据无关

  C. 不会改变   D. 发生相应的改变

38. Excel 图表中的图表元素（ ）。

  A. 不可编辑   B. 可以编辑

  C. 不能移动位置，但可编辑   D. 大小可调整，内容不能改

39. 在 Excel 中，能够很好地反映最近一段时间内数据变化趋势的图表类型是（ ）。

  A. 饼图   B. 折线图   C. XY 散点图   D. 面积图

三、判断对错题

1. 一个 Excel 工作簿只能包括 1 张工作表。   （ ）

2. 在 Excel 工作簿中，如果要一次选择多个不相邻的工作表，可以按住 Shift 键时分别单击各个工作表的标签。   （ ）

3. 数字不能作为 Excel 的文本型数据。   （ ）

4. 在 Excel "设置单元格格式"对话框中可以设置字体格式。   （ ）

5. Excel 合并单元格操作只能合并相同行的单元格。   （ ）

6. 用鼠标拖动列标分隔线调整列宽时，左右两侧的列宽都将发生改变。 （ ）

7. 在 Excel 中，名称框右边的"×"按钮的作用是取消本次输入的数据。 （ ）

8. 一个 Excel 工作表的行数和列数是不受限制的。   （ ）

9. Excel 表格自动套用格式只适用于完整的表格，不可以对表格的某个区域使用。（ ）

10. 在 Excel 中，利用自动填充功能可以快速输入具有某种内在规律的数据。（ ）

11. 在 Excel 中，单元格的引用包括相对引用、绝对引用和混合引用 3 种。 （ ）

12. 在 Excel 所选单元格中创建公式，首先应键入"："。   （ ）

13. 如果要将 Excel 工作表中符合某一条件的单元格数目统计出来，应使用"COUNT"函数。   （ ）

14. 当 Excel 公式中出现被 0 除的现象时，产生的错误信息是"# DIV/0!"。 （ ）

15. 在 Excel 中执行降序排列，在序列中空白单元格被放置在排序数据的最后。（ ）

16. 在对数据分类汇总前，必须对数据清单按分类字段排序。   （ ）

17. Excel 提供了自动和自定义两种筛选功能。   （ ）

18. 筛选是只显示符合筛选条件的记录，并不改变记录。   （ ）

19. 当使用 Excel 的自动筛选功能时，多个字段同时设置筛选条件，其关系是"或"。（ ）

20. 在对数据进行高级筛选前，需要先建立条件区域。   （ ）

21. 在 Excel 中设置高级筛选区域时，将具有"或"关系的复合条件写在相同行。（   ）

22. 根据 Excel 图表放置的位置，可分为嵌入式图表和图表工作表两种形式。（   ）

23. Excel 中"删除"命令与"清除"命令的作用相同。（   ）

24. 在 Excel 中，利用格式刷复制的仅仅是单元格的格式，不包括内容。（   ）

25. 拆分后的 Excel 工作表的各个窗口中能同时显示不同的工作表的内容。（   ）

【参考答案】

一、填空题

1. 工作簿   2. 列宽不够   3. 工作表有效区域的右下角   4. 设置为文本类型 / 输入英文单引号'   5. 等号（=）   6. 求 B2 ~ B8 单元格区域的最大值   7. \$E\$3:\$F\$8   8. 根据分类字段排序

二、单选题

1. B   2. D   3. A   4. C   5. B   6. D   7. A   8. A   9. B   10. D

11. A   12. D   13. D   14. C   15. C   16. C   17. B   18. A   19. B   20. C

21. B   22. D   23. C   24. B   25. C   26. C   27. C   28. C   29. B   30. D

31. D   32. A   33. B   34. D   35. C   36. C   37. D   38. B   39. B

三、判断对错题

1. ×   2. ×   3. ×   4. √   5. ×   6. ×   7. √   8. ×   9. ×   10. √

11. √   12. ×   13. ×   14. √   15. √   16. √   17. ×   18. √   19. ×   20. √

21. ×   22. √   23. ×   24. √   25. ×

第 **10** 章

PowerPoint 2016 习题及答案

一、填空题

1. PowerPoint 是用于制作_____的工具软件。

2. PowerPoint 2016 演示文稿文件的扩展名是_____。

3. 演示文稿文件中的每一张演示单页称为_____。

4. PowerPoint 中能对幻灯片进行移动、删除、复制和设置切换效果，但不能对幻灯片进行编辑的视图是_____。

5. 演示文稿中每张幻灯片都是基于某种_____创建的，它预定义了新建幻灯片的各种占位符布局情况。

6. 如果希望 PowerPoint 演示文稿的作者名出现在所有幻灯片中，则应将其加入到_____。

7. 在 PowerPoint 中，可以通过鼠标"单击"或_____超链接点来激活超链接。

8. 在 PowerPoint 中，在幻灯片浏览视图中若要选定若干张不连续的幻灯片，那么应先按住_____键，再分别单击各幻灯片。

二、单选题

1. 由 PowerPoint 创建的文档称为（   ）。

   A. 演示文稿   B. 幻灯片   C. 讲义   D. 多媒体课件

2. （   ）用于更改幻灯片的整体设计。

   A. 主题   B. 母版   C. 版式   D. 幻灯片

3. 幻灯片布局中的虚线框是（   ）。

   A. 占位符   B. 图文框   C. 文本框   D. 表格

4. 编辑演示文稿时，要在幻灯片中插入表格、剪贴画或照片等对象，应在（   ）中进行。

   A. 备注页视图   B. 幻灯片浏览视图

   C. 幻灯片（编辑）窗格   D. 大纲窗格

5. 在幻灯片浏览视图中，按住 Ctrl 键，并用鼠标拖动幻灯片，将完成幻灯片的（   ）操作。

    A. 剪切　　　　　　　　B. 移动　　　　　　　　C. 复制　　　　　　　　D. 删除

6. 在 PowerPoint 中，幻灯片（   ）是一张特殊的幻灯片，包含已设定格式的占位符。这些占位符是为标题、主要文本和所有幻灯片中出现的背景项目而设置的。

    A. 主题　　　　　　　　B. 母版　　　　　　　　C. 版式　　　　　　　　D. 样式

7. 对母版的修改将直接反映在（   ）。

    A. 应用该版式的每张幻灯片中　　　　　　B. 当前幻灯片

    C. 当前幻灯片之后的所有幻灯片　　　　　D. 当前幻灯片之前的所有幻灯片

8. 在一张幻灯片中，（   ）。

    A. 只能包含文字信息　　　　　　　　　　B. 只能包含文字与图形对象

    C. 只能包括文字、图形与声音　　　　　　D. 可以包含文字、图形、声音、影片等

9. 在 PowerPoint 中，演示文稿与幻灯片的关系是（   ）。

    A. 演示文稿即是幻灯片　　　　　　　　　B. 演示文稿中可包含多张幻灯片

    C. 幻灯片中包含多个演示文稿　　　　　　D. 两者无关

10. 将 PowerPoint 演示文稿整体设置为统一外观的功能是（   ）。

    A. 统一动画效果　　　B. 统一切换效果　　　C. 统一版式　　　　　D. 应用主题

11. 在 PowerPoint 中，幻灯片母版是（   ）。

    A. 用户定义的第 1 张幻灯片，以供其他幻灯片套用

    B. 用于统一演示文稿中各种格式的特殊幻灯片

    C. 用户定义的幻灯片主题

    D. 演示文稿的总称

12. 在 PowerPoint 中，关于在幻灯片中插入图表的说法中错误的是（   ）。

    A. 可以直接通过复制和粘贴的方式将图表插入到幻灯片中

    B. 对不含图表占位符的幻灯片可以插入新图表

    C. 只能通过插入包含图表的新幻灯片来插入图表

    D. 双击图表占位符可以插入图表

13. 在 PowerPoint 幻灯片中建立超链接有两种方式：通过把某对象作为"超链点"和（   ）。

    A. 文本框　　　　　　B. 文本　　　　　　　C. 图稿复制　　　　　D. 动作按钮

14. 要实现在播放时幻灯片之间的跳转，可采用的方法是（   ）。

    A. 设置背景　　　　　　　　　　　　　　B. 设置动画效果

    C. 设置幻灯片切换方式　　　　　　　　　D. 设置超链接

15. 在幻灯片的放映过程中要中断放映，可以直接按（   ）键。

    A. Alt+F4　　　　　　B. Ctrl+X　　　　　　C. Esc　　　　　　　　D. End

16. 在 PowerPoint 中，若想在一屏内观看多张幻灯片的效果，可采用的方法是（   ）。

    A. 切换到幻灯片放映视图　　　　　　　　B. 打印预览

    C. 切换到幻灯片浏览视图　　　　　　　　D. 切换到幻灯片大纲视图

17. 幻灯片的切换方式是指（   ）。

    A. 在编辑新幻灯片时的过渡形式　　　　　B. 在编辑幻灯片时切换不同视图

C. 在编辑幻灯片时切换不同的主题　　　　　D. 在幻灯片放映时两张幻灯片间过渡形式

18. 在 PowerPoint 中，安排幻灯片对象的布局可选择（　　　）来设置。

A. 应用主题　　　　　B. 幻灯片版式　　　　　C. 背景　　　　　D. 动画效果

19. 在 PowerPoint 中，下列说法中错误的是（　　　）。

A. 可以在浏览视图中更改某张幻灯片上动画对象的出现顺序

B. 可以在普通视图中设置动态显示文本和对象

C. 可以在浏览视图中设置幻灯片切换效果

D. 可以在普通视图中设置幻灯片切换效果

20. 当需要将幻灯片转移至其他地方放映时，最稳妥的方法是（　　　）

A. 将演示文稿发送至磁盘

B. 将演示文稿打包

C. 设置幻灯片的放映效果

D. 将演示文稿分成多个子演示文稿，以存入磁盘

21. 在 PowerPoint 幻灯片中，（　　　）不能进行超链接的设置。

A. 文本　　　　　B. 声音　　　　　C. 图片　　　　　D. 按钮

22. 在 PowerPoint 中，关于在幻灯片中插入多媒体内容的说法中错误的是（　　　）。

A. 可以插入声音（如掌声）　　　　　B. 可以插入音乐（如 CD 乐曲）

C. 可以插入影片　　　　　D. 放映时只能自动放映，不能手动放映

23. 在 PowerPoint 中，下列对幻灯片的超级链接叙述错误的是（　　　）。

A. 可以链接到外部文档

B. 可以在链接点所在文档内部的不同位置进行链接

C. 可以链接到互联网上

D. 一个链接点可以链接两个以上的目标

24. 当在幻灯片中插入了声音以后，幻灯片中将会出现（　　　）。

A. 喇叭标记　　　　　B. 一段文字说明

C. 超链接说明　　　　　D. 超链接按钮

25. 要使幻灯片在放映时能够自动播放，需要为其设置（　　　）。

A. 超级链接　　　　　B. 动作按钮　　　　　C. 排练计时　　　　　D. 录制旁白

26. 如果要从一张幻灯片淡出到下一张幻灯片，应设置（　　　）。

A. 动画效果　　　　　B. 超级链接　　　　　C. 切换效果　　　　　D. 排练计时

27. 在演示文稿中给幻灯片重新设置背景时，若要给所有幻灯片使用相同背景，则应选中
（　　　）。

A. 全部应用　　　　　B. 应用　　　　　C. 取消　　　　　D. 重置背景

28. 在 PowerPoint 中，可以为一种元素设置（　　　）动画效果。

A. 一种　　　　　B. 多种

C. 不多于两种　　　　　D. 以上都不对

29. 在 PowerPoint 幻灯片浏览视图下不能完成的操作是（　　　）。

A. 调整个别幻灯片位置　　　　　B. 删除个别幻灯片

C. 编辑个别幻灯片内容　　　　　D. 复制个别幻灯片

三、判断对错题

1. 在 PowerPoint 中，不可以同时对多张幻灯片设置背景。（   ）

2. PowerPoint 具有动画功能，可使幻灯片中的各种对象以充满动感的形式展示在屏幕上。

（   ）

3. 在 PowerPoint 中，不可对插入到幻灯片中的多媒体对象设置及控制播放方式。（   ）

4. 演示文稿中每张幻灯片都是基于某种母版创建的，它预定义了新建幻灯片的各种占位符布局情况。（   ）

5. 在 PowerPoint 幻灯片中可以插入剪贴画、图片、声音、影片等信息。（   ）

6. PowerPoint 是用于制作幻灯片的工具软件。（   ）

7. 在 PowerPoint 中创建的一个文档就是一张幻灯片。（   ）

8. 幻灯片浏览视图是启动 PowerPoint 后的默认视图。（   ）

9. 演示文稿文件中的每一张演示单页称为演示文稿。（   ）

10. 在 PowerPoint 中使用文本框才能在空白版式的幻灯片上输入文字。（   ）

11. 在 PowerPoint 中，激活超链接的动作可以是在超链点用鼠标单击或双击。（   ）

12. 在 PowerPoint 中，通过背景命令只能为一张幻灯片添加背景。（   ）

13. 幻灯片的切换效果是在放映幻灯片时两张幻灯片之间切换时发生的。（   ）

14. 在 PowerPoint 的"幻灯片浏览视图"中可以给一张幻灯片或几张幻灯片中的所有对象添加相同的动画效果。（   ）

15. 幻灯片的复制、移动与删除只能在普通视图下完成。（   ）

16. 在 PowerPoint 中，制作好的幻灯片可直接放映，也可以用打印机打印。（   ）

17. 对于演示文稿中不准备放映的幻灯片可以通过"隐藏幻灯片"命令隐藏。（   ）

18. 在 PowerPoint 中，图表中的元素不可以设置动画效果。（   ）

19. 在 PowerPoint 中，幻灯片中插入的音频可以设为自动播放，也可以设为手动播放。

（   ）

20. 在 PowerPoint 幻灯片中添加声音链接后，会生成一个声音图标，用户不可以通过对声音图标的操作来编辑声音对象。但对声音图标本身则可改变其大小和位置。（   ）

【参考答案】

一、填空题

1. 演示文稿   2. .pptx   3. 幻灯片   4. 幻灯片浏览视图   5. 版式

6. 幻灯片母版   7. 移过   8. Ctrl

二、单选题

1. A   2. A   3. A   4. C   5. C   6. B   7. A   8. D   9. B   10. D

11. B   12. C   13. D   14. D   15. C   16. C   17. D   18. B   19. A   20. B

21. B   22. D   23. D   24. A   25. C   26. C   27. A   28. B   29. C

三、判断对错题

1. ×   2. √   3. ×   4. ×   5. √   6. ×   7. ×   8. ×   9. ×   10. √

11. ×   12. ×   13. √   14. ×   15. ×   16. √   17. √   18. ×   19. √   20. √

第 **11** 章

计算机网络基础与 Internet 基本应用习题及答案

一、填空题

1. HTTP 的含义是_____。
2. WWW 的中文含义是_____。
3. 局域网的英文缩写是_____，广域网的英文缩写是_____。
4. 计算机网络是由通信子网和_____子网组成。
5. E-mail 的中文含义是_____。
6. Internet 中 URL 的含义是_____，俗称_____。

二、单选题

1. 下列传输介质中，属于有线传输介质的是（　　）。
   A. 红外线　　　　　B. 蓝牙　　　　　C. 同轴电缆　　　　D. 微波
2. 每块网卡的物理地址是（　　）。
   A. 可以重复的　　　　　　　　　　B. 唯一的
   C. 可以没有地址　　　　　　　　　D. 地址可以是任意长度
3. 以下（　　）是正确的 E-mail 地址格式。
   A. www.zjschool.cn　　　　　　　B. 网址·用户名
   C. 账号 @ 邮件服务器名称　　　　　D. 用户名·邮件服务器名称
4. 计算机网络的主要目标是实现（　　）。
   A. 即时通信　　　B. 发送邮件　　　C. 运算速度快　　　D. 资源共享
5. 下列传输介质中，传输信号损失最小的是（　　）。
   A. 双绞线　　　　B. 同轴电缆　　　C. 光缆　　　　　D. 微波
6. 下列属于计算机网络通信设备的是（　　）。
   A. 显卡　　　　　B. 网卡　　　　　C. 音箱　　　　　D. 声卡
7. 下列选项中，正确的 IP 地址格式是（　　）。

A. 202.202.1　　　　　B. 202.2.2.2.2　　　　　C. 202.118.118.1　　　　　D. 202.258.14.13

8. 下列网络传输介质中，抗干扰能力最好的一个是（　　　）。

A. 光缆　　　　　　　B. 同轴电缆　　　　　　C. 双绞线　　　　　　　D. 电话线

9. 下列属于计算机网络特有设备的是（　　　）。

A. 显示器　　　　　　B. 光盘驱动器　　　　　C. 路由器　　　　　　　D. 鼠标器

10. 下列（　　　）选项不是计算机网络必须具备的要素。

A. 网络服务　　　　　B. 连接介质　　　　　　C. 协议　　　　　　　　D. 交换机

11. 下列有关网络的说法中，（　　　）是错误的。

A. OSI/RM 分为 7 个层次，最高层是表示层

B. 在电子邮件中，除文字、图形外，还可包含音乐、动画等

C. 如果网络中有一台计算机出现故障，对整个网络不一定有影响

D. 在网络范围内，用户可被允许共享软件、数据和硬件

12. Internet 最基础和核心的协议是（　　　）。

A. HTTP　　　　　　　B. TCP/IP　　　　　　　C. HTML　　　　　　　D. FTP

13. 下列（　　　）选项不是按网络拓扑结构的分类。

A. 星型网　　　　　　B. 环型网　　　　　　　C. 校园网　　　　　　　D. 总线型网

14. 关于计算机网络协议，下面说法错误的是（　　　）。

A. 网络协议就是网络通信的内容

B. 制定网络协议是为了保证数据通信的正确、可靠

C. 计算机网络的各层及其协议的集合，称为网络的体系结构

D. 网络协议通常由语义、语法、变换规则 3 部分组成

15. 网卡属于计算机的（　　　）。

A. 显示设备　　　　　B. 存储设备　　　　　　C. 打印设备　　　　　　D. 网络设备

16. 下列（　　　）网络拓扑结构对中央节点的依赖性最强。

A. 星型　　　　　　　B. 环型　　　　　　　　C. 总线型　　　　　　　D. 链型

17. 域名 MH.BIT.EDU.CN 中主机名是（　　　）。

A. MH　　　　　　　　B. EDU　　　　　　　　C. CN　　　　　　　　D. BIT

18. 要能顺利发送和接收电子邮件，必须使用（　　　）设备。

A. 打印机　　　　　　B. 邮件服务器　　　　　C. 扫描仪　　　　　　　D. Web 服务器

19. 一个 IP 地址是（　　　）字节的二进制数

A. 4　　　　　　　　　B. 8　　　　　　　　　　C. 16　　　　　　　　　D. 32

20. 计算机接入局域网需要配备（　　　）。

A. 网卡　　　　　　　B. MODEM　　　　　　　C. 声卡　　　　　　　　D. 打印机

21. 在域名 www.pku.edu.cn 中，cn 表示（　　　）。

A. 网络　　　　　　　B. 中国　　　　　　　　C. 机构　　　　　　　　D. 主机名

22. Internet 属于（　　　）。

A. 局域网　　　　　　B. 广域网　　　　　　　C. 全局网　　　　　　　D. 主干网

23. 下列说法错误的是（　　　）。

A. Internet 中的 IP 地址是唯一的　　　　　　B. IP 地址由网络地址和主机地址组成

　　　C．一个 IP 地址可对应多个域名　　　　　D．一个域名可对应多个 IP 地址

24．地址栏中输入的 http://zjhk.school.com 中，zjhk.school.com 是一个（　　　）。

　　A．域名　　　　　　　B．文件　　　　　　　C．邮箱　　　　　　　D．国家

25．把域名翻译成 IP 地址的工作是由（　　　）完成的

　　A．IP 地址　　　　　B．子网掩码　　　　　C．默认网关　　　　　D．域名服务器

26．网络中信号传输速率的单位是（　　　）。

　　A．bit/s　　　　　　B．Byte/s　　　　　　C．bit/m　　　　　　D．Byte/m

27．某人的电子邮件到达时，若他的计算机未开机，则邮件（　　　）。

　　A．退回给发件人　　　　　　　　　　B．开机时对方重发

　　C．该邮件丢失　　　　　　　　　　　D．存放在服务商的 E-mail 服务器

28．下面（　　　）是正确的网址格式。

　　A．http://www，jnu.edu.cn　　　　　　B．http:www.jne.edu.cn

　　C．http://www.jnu.edu.cn　　　　　　D．http:www.jnu.edu.cn

29．以下描述中，网络安全防范措施不恰当的是（　　　）。

　　A．不随便打开未知的邮件　　　　　　B．计算机不连接网络

　　C．及时升级杀毒软件的病毒库　　　　D．及时堵住操作系统的安全漏洞

30．欲将一个 play.exe 文件发送给远方的朋友，可以把该文件放在电子邮件的（　　　）。

　　A．正文中　　　　　B．附件中　　　　　C．主题中　　　　　D．地址中

31．下列网络中，不属于局域网的是（　　　）。

　　A．因特网　　　　　B．工作组网络　　　　C．中小企业网络　　　D．校园计算机网

32．下列各指标中，属于数据通信系统的主要技术指标之一是（　　　）。

　　A．误码率　　　　　B．重码率　　　　　C．分辨率　　　　　D．频率

33．电子邮件地址 stu@zjschool.com 中的 zjschool.com 是代表（　　　）。

　　A．用户名　　　　　B．学校名　　　　　C．学生姓名　　　　　D．邮件服务器名称

34．下列传输介质中，属于无线传输介质的是（　　　）。

　　A．双绞线　　　　　B．微波　　　　　　C．同轴电缆　　　　　D．光缆

35．Internet 提供的最常用、便捷的通信服务是（　　　）。

　　A．文件传输　　　　B．远程登录　　　　C．电子邮件　　　　　D．万维网

三、判断对错题

1．超链接使用用户从某个信息节点跳转到另外一个信息节点上。　　　　　　　　（　　　）

2．IP 地址是一个 32 位二进制数，对应六组十进制数。　　　　　　　　　　　　（　　　）

3．每个网页对应磁盘上多个文件，可以存放文字、表格、图像、声音、视频和动画等。

　　　　　　　　　　　　　　　　　　　　　　　　　　　　　　　　　　　　　（　　　）

4．如果网络中有一台计算机出现故障，对整个网络有影响。　　　　　　　　　　（　　　）

5．电子邮件不仅可以传送文本，还可以传送声音、视频等多种类型的文件。　　　（　　　）

6．电子邮件地址格式"用户名 @ 邮件服务器地址"，邮件地址可以是中文。　　　（　　　）

7．IP 地址由城市地址和主机地址组成。　　　　　　　　　　　　　　　　　　　（　　　）

8．计算机网络系统的硬件系统是计算机网络基础，只包含计算机和通信设备。　　（　　　）

9. 网卡是安装在计算机主机板上的插卡，负责传输或者接收数字信息。   (   )

10. 常见网络拓扑结构有总线型、星型、环型、树型、网状结构。   (   )

【参考答案】

一、填空题

1. 超文本传输协议 2. 万维网 3. LAN、WAN 4. 资源

5. 电子邮件 6. 统一资源定位器、网址

二、单选题

1. C   2. B   3. C   4. D   5. C   6. B   7. C   8. A   9. C   10. D

11. A   12. B   13. C   14. A   15. D   16. A   17. A   18. B   19. A   20. A

21. B   22. B   23. D   24. A   25. D   26. A   27. D   28. C   29. B   30. B

31. A   32. A   33. D   34. B   35. C

三、判断对错题

1. √   2. ×   3. ×   4. ×   5. √   6. ×   7. ×   8. ×   9. √   10. √

参考文献

［1］高林，陈承欢．计算机应用基础［M］．北京：高等教育出版社，2014．

［2］柴欣，史巧硕．大学计算机基础［M］．北京：人民邮电出版社，2014．

［3］张成叔，马力．办公自动化技术与应用［M］．北京：高等教育出版社，2014．

［4］徐红，曲文尧．计算机网络技术基础［M］．北京：高等教育出版社，2015．